Ravikumar Kurup
Parameswara Achutha Kurup

Transmutação e Função Cerebral

Ravikumar Kurup
Parameswara Achutha Kurup

Transmutação e Função Cerebral

A Pedra Filosofal

ScienciaScripts

Imprint

Any brand names and product names mentioned in this book are subject to trademark, brand or patent protection and are trademarks or registered trademarks of their respective holders. The use of brand names, product names, common names, trade names, product descriptions etc. even without a particular marking in this work is in no way to be construed to mean that such names may be regarded as unrestricted in respect of trademark and brand protection legislation and could thus be used by anyone.

Cover image: www.ingimage.com

This book is a translation from the original published under ISBN 978-620-4-20276-1.

Publisher:
Sciencia Scripts
is a trademark of
Dodo Books Indian Ocean Ltd., member of the OmniScriptum S.R.L Publishing group
str. A.Russo 15, of. 61, Chisinau-2068, Republic of Moldova Europe
Printed at: see last page
ISBN: 978-620-4-07680-5

CONTEÚDO

CAPÍTULO 1
ACTINIDIC ARCHAEA MEDEIA A TRANSMUTAÇÃO BIOLÓGICA EM SISTEMAS HUMANOS - EVIDÊNCIA EXPERIMENTAL

Introdução

A transmutação biológica tem sido postulada por vários grupos de trabalhadores em sistemas microbianos. [1,2] Estruturas de quantificação de tamanho e forma ideais são necessárias para interações nucleares sem barreiras. A situação é realizada em culturas microbianas. Durante o processo de crescimento, ocorre a replicação de DNA e outras biomacromoleculas. Na região de crescimento, os buracos de potencial interatômico com tamanhos que mudam lentamente estão constantemente aparecendo e, nesta situação, interações nucleares sem barreiras podem ocorrer. A arca actinídea tem sido descrita em sistemas humanos do nosso laboratório e funciona como endossimbiontes celulares que regulam múltiplas funções celulares. A arca actinídica utiliza uma bioquímica alternativa dependente de actinídeos para a catálise enzimática. As praias de Kerala são ricas em elementos actinídicos presentes como rutilo, illmenita e monazita. A arca actinídica é um endossímbone da célula humana e é possível que o organismo possa mediar a transmutação biológica. A transmutação do magnésio ao cálcio pode servir como um mecanismo de regulação do sistema neuro-imuno-endócrino. A carência de magnésio é observada em degenerações, malignidade, síndrome metabólica X, distúrbios psiquiátricos e doenças imunológicas. [3] A arca actinídea pode existir como nanoarréia que pode ser submetida à mineralização da magnetita e do cálcio. É possível que o magnésio esteja sendo transmutado biologicamente ao cálcio para produzir quantidades suficientes para a mineralização do cálcio. A nanoarréia calcificada pode produzir uma ativação imunológica sistêmica contribuindo para as diversas patologias de degenerações, malignidade, síndrome metabólica X, distúrbios psiquiátricos e doenças imunológicas para estudar a transmutação biológica do magnésio para o cálcio e o cério. Os resultados são apresentados neste artigo. A arca actinídea pode mediar a transmutação biológica, fissão biológica e reacções de fusão e pode ser considerada como a pedra filosofal e o elixir da vida.

A arca actinídea endosimbiótica forma a base da vida e pode ser considerada como o terceiro elemento da célula. Ela regula a célula, o sistema neuro-imuno-endócrino e o cérebro consciente/inconsciente. A arca actinídea actinídea endosibiótica pode ser chamada de elixir da vida. Uma população definida de arcaea actinídea endosibiótica é necessária para a existência e sobrevivência da vida. Uma maior densidade da população actinídea endosimbiótica pode levar a doenças humanas. Assim, as artérias actinídicas são importantes para a sobrevivência da vida humana e podem ser consideradas como cruciais para a mesma. A simbiose por arcaea actinídea é a base da evolução dos humanos e primatas. O aumento do crescimento endosimbiótico dos arquebactérias pode levar à indução do homo neanderthalis. Esta arca endosimbiótica induz a neanderthalização da espécie leva a doenças humanas como síndrome metabólica X, neurodegeneração, esquizofrenia e autismo, doença auto-imune e câncer. A redução do crescimento do arquebactéria endosibiótico por uma dieta de alta fibra, triglicéridos de cadeia média alta e proteína leguminosa cetogênica, antibióticos de plantas superiores como Curcuma longa, Emblica officianalis, Allium sativum, Withania somnifera, Moringa pterygosperma e Zingeber officianalis e transplante de microflora cólica da população normal de homo sapien pode levar à desneanderthalização das espécies e ao tratamento dos estados patogênicos acima mencionados. A microflora do cólon de estados neanderthalizados, como a síndrome metabólica X, neurodegeneração, esquizofrenia e autismo, doença auto-imune e câncer quando transferida para a espécie homo sapien normal, leva à geração e indução de homo neanderthalis. Assim, a evolução primata e humana é um evento simbiótico que pode ser induzido o crescimento modulante simbiótico do arquebactéria. As populações humanas podem ser divididas em populações matrilineares Neandertais em Dravidianos, Celtas, Bascos, Judeus e Berberes da Índia do Sul e a população Cro-Magnon vista na África e Europa. A colonização simbiótica do arquipélago decide que espécie - Neandertal ou Cro-Magnon a que a sociedade pertence. É tentador postular a microflora simbiótica e a arcaea determinando o comportamento e os traços familiares, assim como o comportamento e os traços sociais e de casta. A célula foi postulada por Margulis para ser uma associação simbiótica de bactérias e vírus. Da mesma forma, a família, a casta, a comunidade, as nacionalidades e a própria espécie é determinada pela simbiose arqueal e outras bactérias.

A simbiose por microorganismos, especialmente arcaea, impulsiona a evolução das espécies. Neste caso, a simbiose pode ser induzida pela transferência de simbiontes de microflora e a evolução induzida. A endosimbiose por arquebiose, assim como os simbiontes arqueológicos no intestino podem modular o genótipo, o fenótipo, a classe social e o grupo racial do indivíduo. A simbiose arquebiótica pode ter transmissão horizontal e vertical. O crescimento dos arquebactérias simbiônticos leva à neandertalização da espécie. A espécie neandertalizada é a sociedade matrilinear e inclui os Dravidianos, os Celtas, os Bascos e os

Berberes. A inibição do crescimento do endosymbiotic archaeal leva à evolução do homo sapiens. Isto inclui os africanos, os invasores arianos do norte da Índia e a população europeia derivada dos arianos. A simbiose mediada pela evolução depende da flora intestinal e da dieta alimentar. Isto foi demonstrado na pseudoobscura drosófila. Os companheiros drosófilos só se alimentam da mesma dieta com outros indivíduos. Quando a microflora intestinal de drosophila é alterada pela alimentação com antibióticos, eles acasalam com outros indivíduos comendo dietas diferentes. A dieta consumida pela drosophila regula sua microflora intestinal e seus hábitos de acasalamento. A combinação do genoma humano e do genoma microbiano simbiótico é chamada de hologenoma. O hologenoma, especialmente seu componente microbiano simbiótico, impulsiona a evolução humana, bem como a evolução animal. A distância evolutiva entre as espécies de vespa depende da microflora intestinal. A microflora intestinal humana regula os sistemas endócrino, genético e neuronal. A evolução humana e dos primatas depende da arca endosibiótica e da microflora intestinal. O crescimento endosimbiótico do arquebactéria determina as diferenças raciais entre as sociedades matrilineares Harappan/Dravidianas e a sociedade ariarcal patriarcal ariana. A sociedade Harappan/ Dravidiana matrilinear era neandertálica e tinha aumentado o crescimento endosibiótico do arquebactéria. O crescimento endosimbiótico e a neanderthalização podem levar a doenças auto-imunes, síndrome metabólica X, neurodegeneração, câncer, autismo e esquizofrenia. A flora intestinal do Neanderthal e a arquebactéria endosibiótica foi determinada pela dieta não vegetariana cetogênica com alto teor de proteína consumida por eles nas estepes eurasiáticas. O homo sapiens, incluindo as tribos arianas clássicas e africanas, comiam uma dieta rica em fibras e tinham um crescimento arqueológico inferior, tanto endosibiótico como intestinal. A ingestão de fibras alimentares determina a diversidade microbiana do intestino. A ingestão elevada de fibras está associada ao aumento da geração de ácidos gordos de cadeia curta - ácido butírico pela flora intestinal. O butirato é um inibidor da HDAC e leva ao aumento da geração e incorporação de sequências endógenas retrovirais. A elevada ingestão de fibras alimentares relacionadas com o aumento das sequências HERV leva a uma maior conectividade sináptica e a um córtex frontal dominante, tal como se observa nas espécies homo sapiens. As espécies neandertálicas consomem uma dieta ketogénica não vegetariana com elevado teor de gordura e proteínas e baixo teor de fibras. Isto leva a uma menor geração de sequências HERV endógenas e a uma menor flexibilidade genómica nas espécies neandertálicas. Isto produz um córtex cerebral menor e um córtex cerebelar dominante no cérebro neandertálico. As espécies homo neandertálicas pela baixa ingestão de fibras alimentares, matam à fome o seu eu microbiano. Isto leva a um aumento do endosimbiotico e do crescimento do arquebelo intestinal. A membrana mucosa que reveste o intestino torna-se mais fina à medida que a bactéria intestinal se alimenta do revestimento mucoso do intestino. Isto resulta em vazamento de endotoxina e arcaia do intestino para o sangue rompendo a barreira e produz um estado inflamatório imuno-estimulatório crônico que forma a base da doença auto-imune, síndrome metabólica, neurodegeneração, doenças oncogênicas e psiquiátricas. A espécie Neandertal come uma dieta pobre em fibras e tem uma deficiência de microbiota acessada por carboidratos gerando ácido graxo de cadeia curta. Existe uma deficiência de butirato gerado no intestino a partir da fibra alimentar que pode produzir supressão do processo inflamatório crónico. Os Neandertais têm a síndrome de deficiência de subprodutos da fermentação. A indução das espécies neandertais depende do baixo consumo de fibra induzida pela endosimbiótica de alta densidade arqueal e da microflora intestinal. As espécies homo sapiens consomem uma dieta rica em fibras gerando grandes quantidades de ácido graxo butírico de cadeia curta que inibe o crescimento endosibiótico e da microflora intestinal. O eu microbiano da espécie homo sapiens é mais diversificado do que o das espécies neandertais e a densidade populacional do arquebactéria é menor. Isso resulta em uma proteção contra inflamação crônica e a indução de doenças como doenças auto-imunes, síndrome metabólica, neurodegeneração, doenças oncogênicas e psiquiátricas. As espécies homo sapiens têm uma maior ingestão de fibra alimentar contribuindo para cerca de 40 g/dia e uma flora microbiana diversificada com menor densidade populacional arqueal. O butirato gerado pela fibra dietética produz um estado imunossupressor. Assim, a microflora simbiótica com menor densidade de arquebactérias induz uma espécie homo sapiense. Isto pode ser demonstrado pela indução experimental da evolução. Uma dieta rica em fibras de MCT, bem como antibióticos derivados de plantas superiores e transferência de microbiota fecal de espécies de sapiens pode inibir a metabolonomia e fenótipo do Neanderthal e induzir a evolução do homo sapiens. Uma dieta pobre em fibras e alta em proteínas, assim como a transferência de microbiota fecal das espécies de Neanderthal pode produzir metabolonomia e fenótipo Neanderthal induzindo a evolução do homo neanderthalis. A transferência da microflora cólica predominantemente arcaea e a modulação da arca endosymbiotica por uma dieta paleo e antibióticos de plantas superiores pode levar à interconversão da espécie humana entre homo neanderthalis e homo sapiens. O hologenoma, especialmente a flora microbiana endosibiótica/gutânica, impulsiona a evolução humana e animal e pode ser induzido experimentalmente. A microflora simbiótica impulsiona a evolução. Cada animal, cada espécie humana, diferentes comunidades, diferentes raças e diferentes castas têm sua assinatura endosibiótica e microflora intestinal que pode ser transmitida verticalmente e horizontalmente. Assim, a simbiose impulsiona a evolução humana e animal. A arca cólica e endosimbiótica e outros micróbios como os clusters clostridiais determinam a espécie, raça, casta, comunidade e identidade pessoal do indivíduo. A identidade do indivíduo - pessoal, comunitária, casta, raça, nacionalidade e espécie - é determinada pelo arquipélago colónico e endosimbiótico e pelos clusters clostridiais. A simbiose arqueal predominante produz homo neanderthalis e a simbiose arqueal menos proeminente e os clusters clostridiais dominantes no intestino produzem a espécie homo sapien. Cada indivíduo, raça, nacionalidade, casta, credo e comunidade tem a assinatura endosimbiótica e microbiota colônica. Esta assinatura da microbiota colônica e endosimbiótica é transferível pela mudança da microbiota endosimbiótica e colônica de um grupo para outro. Assim, a evolução e identidade baseada na individualidade, raça, nacionalidade, casta e credo pode ser induzida.

Isto pode ser interpretado com base na hipótese de Villarreal de identidade grupal e cooperatividade dos coletivos do RNA. A simbiose arqueal no intestino e nos espaços tissulares determina a especiação do ser humano como homo sapiens e homo neanderthalis. A arca endossimbiótica pode secretar viróides e vírus do RNA e existe uma relação hospedeiro viroido-arqueal entre os dois. Um estado dinâmico de lise e persistência de vírus pode ocorrer em arcaea sugerindo que a dependência viral pode ocorrer em arcaea. Os viroides do RNA na arcaéia coordenam seu comportamento através da troca de informações, modulação e inovação gerando um novo conteúdo baseado em seqüência. Isto ocorre devido a um fenômeno de simbiose em contraste com o conceito de sobrevivência do mais apto. A geração de novas sequências viroidais de RNA é resultado da competência prática dos agentes vivos em gerar novas sequências por simbiose e partilha. Isto representa consórcios de quase-espécies de RNA viroidais altamente produtivos para a evolução, conservação e plasticidade de ambientes genômicos. Os motivos comportamentais do RNA são estruturas de um único laço tronco. Têm capacidades de auto-dobramento e de construção de grupos, dependendo das necessidades funcionais. O processo de evolução depende do que Villareal chama de consórcios de laços de tronco de RNA. A entidade inteira só pode funcionar se os grupos participativos de viroides de RNA puderem ter sua função coordenada. Há uma geração denovo competente de novas seqüências por ação cooperativa e não por competição. Estes consórcios de grupos viroides do RNA podem contribuir para a identidade do hospedeiro, identidade do grupo e imunidade do grupo. O termo usado para isso é comportamento sociológico do RNA viroideal. Os viroides do RNA podem construir grupos que invadem a arcaea e competir como um grupo por recursos limitados como genomas hospedeiros. Um motivo comportamental chave é capaz de integrar um estilo de vida persistente na colônia arqueal com o módulo de vício formando grupos viroidais concorrentes que estão contrabalançando uns aos outros juntamente com o sistema imunológico arqueal/hospedeiro. Isto leva à criação de uma identidade para a colónia arqueal e para o hospedeiro homo neanderthalis. Os viroides podem matar seu hospedeiro e também colonizar seu hospedeiro sem doenças e proteger o hospedeiro de vírus e viroides similares. Juntamente com a lise e a protecção vemos um hospedeiro viroide colonizado que é simultaneamente simbiótico e inovador, adquirindo novos códigos competentes. Assim, a relação viroideo-anfitrião é uma força antiga e difundida na origem e evolução da vida. A evolução cumulativa ao nível dos viroides de RNA é como um efeito de catraca utilizado para a transmissão de memes culturais. Este aprendizado se acumula para que cada nova geração não repita todos os pensamentos e técnicas inovadoras. As quase-espécies de viroides de RNA são cooperativas e exclusivas de outras quase-espécies. Eles têm reconhecimento de grupo diferenciando auto-grupos e não auto-grupos, permitindo que quase-espécies promovam a emergência da identidade de grupo. Com a identidade grupal através de módulos de dependência relacionados com o balcão, dois componentes opostos devem estar presentes e trabalhar de forma coerente e definir o grupo como um todo. A identidade biológica é constituída pela interação dinâmica de grupos cooperativos. O módulo de dependência de vírus é uma estratégia essencial para a existência da vida na virosfera. Os vírus são transmissíveis e podem persistir em uma população hospedeira específica, levando a uma forma de imunidade/ identidade de grupo, uma vez que uma população hospedeira idêntica mas não-colonizada permanece suscetível a uma ação assassina de vírus líticos. Desta forma, vemos que os vírus são necessários, fornecendo funções opostas para o vício (persistência/protecção e morte/litica). Os vírus podem funcionar como consórcios, um grupo essencial que interage e fornecer um mecanismo a partir do qual a função consorcial pode emergir na origem da vida protobiótica. Os parasitas genéticos podem agir como um grupo (qs-c). Mas para que este grupo seja coerente, eles devem atingir a identidade grupal e isto é tipicamente através de uma estratégia de dependência. O próprio sistema antiviral e proviral na arcaéia surgirá no hospedeiro a partir de informações derivadas de vírus. Os próprios vírus do arquebactéria fornecem a função crítica necessária para a defesa antiviral. As funções opostas são a base dos módulos de vício. Assim, a emergência da identidade do grupo torna-se um evento essencial e precoce na emergência da vida. Isto é coerente com o comportamento basicamente grupal dos viroides de RNA nos arcaicos. Esta seleção e identidade grupal são necessárias para criar coerência de informação e formação de redes e para estabelecer um sistema de comunicação - código de interações competentes. Esta identidade serve como informação também para aqueles que não compartilham esta identidade. Este é o início da capacidade de diferenciação entre self/non-self. Desta forma, os viroides promovem a emergência de uma identidade de grupo nas colónias arqueológicas e nos seres humanos hospedeiros. A identidade da colônia arqueal depende do conjunto colonizador de viroides de RNA produzindo uma rede coerente que é inclusiva funções opostas e favorece a persistência de novas informações derivadas de parasitas. Com base nas funções populacionais do DNA do RNA, pode ser considerado como um habitat para o RNA dos consórcios. Assim, os viroides de RNA da arcaia estão envolvidos em uma complexa identidade multicelular. Isto é chamado como a hipótese de Gangen por Villarreal. O Gangen descreve o surgimento do uso comum de código compartilhado, da filiação em grupo e da função de vida coletiva dos viroides de RNA. A comunicação é uma interação dependente do código e a transmissão do código infeccioso define a origem da virosfera. Esta questão refere-se à ideia de colectivos de viroides de ARN com características tóxicas e antitóxicas inerentes devem ser capazes de transmitir ou comunicar estes agentes e as suas características a uma população concorrente próxima. Favorece fortemente a sobrevivência da população de viroides de RNA com módulos de dependência compatíveis que inibirão a toxicidade dos agentes e permitirão a persistência de novos agentes. Isto é, portanto, a sobrevivência do conjunto persistentemente colonizado que é um processo intrinsecamente simbiótico e consorcial. Também promove a crescente complexidade e identidade/imunidade do coletivo hospedeiro através de uma nova colonização do agente, e adição estável. Assim, a transmissão dos agentes do RNA atinge tanto a comunicação como o reconhecimento da adesão ao grupo. Desta forma, o surgimento da virosfera deve ter sido um evento precoce na origem da vida e da identidade grupal. Vírus e viroides são parasitas genéticos e as entidades vivas mais abundantes na Terra. A virosfera é uma rede de agentes genéticos infecciosos. A evolução, conservação e plasticidade das identidades genéticas são o resultado de consórcios cooperativos de viroides do ARN que são competentes para comunicar. Assim, os consórcios de viroides arqueológicos podem partilhar e comunicar simbioticamente produzindo novas sequências e dando uma identidade à colónia arqueal. A dieta pobre em fibras e as temperaturas extremas das estepes eurasiáticas levam à multiplicação e indução arqueal da espécie homo neanderthalis. As características da colónia arqueal são determinadas pelos consórcios cooperativos de RNA viroides na arcaia e a identidade da colónia arqueal determina a identidade do homo neanderthalis. Assim, as colónias arqueal com os seus consórcios de quase-espécies de RNA viroids determinam a identidade homo neanderthalis. A nova geração de sequências dos consórcios de RNA viroides contribui para a diversidade no comportamento e criatividade da população homo neanderthalis. Os vírus e viroides do RNA e as próprias colônias arqueológicas protegem a população homo neanderthalis das infecções retrovirais. Assim, a população homo neanderthalis é resistente aos retrovirais e os consórcios de quase-espécies de arcaicas e viroides arqueológicos dão-lhes uma identidade de grupo como resistentes aos retrovirais. Assim, os consórcios de quase-espécies de arcaea e de RNA viroides dão às colônias homo neandertais sua identidade e idéia de si mesmo. O homo neanderthalis é resistente à infecção retroviral como os aborígenes australianos e as sequências endógenas retrovirais no genoma Neandertal são limitadas. Isto leva à falta de plasticidade e dinamismo do genoma humano e do córtex cerebral no mal desenvolvido com um córtex cerebelar impulsivo dominante na população do homo neandertal. Isto produz o cérebro neandertálico espiritual surrealista impulsivo e criativo. À medida que o extremo da temperatura dispara e a idade do gelo termina, a densidade populacional arqueal também desce. Isto também pode resultar do consumo de uma dieta rica em fibras no continente africano. A dieta rica em fibras digerida por grupos clostridiais no cólon promove a síntese de butirato e o butirato induz a inibição do HDAC e a expressão de sequências retrovirais no genoma dos primatas. Isto leva ao aumento das sequências retrovirais endógenas no genoma humano, aumentando a dinâmica genómica e a evolução do complicado córtex cerebral dominante com a sua complexa conectividade sináptica no homo sapiens. Isto leva a um cérebro homo sapiens lógico, com senso comum, pragmático e prático. O homo sapiens devido à falta de arcaea e os viroides do RNA são susceptíveis de infecção retroviral. Assim, as colônias arqueológicas e os consórcios de quase-espécies do RNA viroideano determinam a evolução da espécie humana e das redes cerebrais. Assim, extremos de temperatura, ingestão de fibras, densidade de colônias arqueológicas, quase-espécies do RNA viroideal, identidade de grupo e resistência retroviral decidem sobre a evolução do homo sapiens e homo neanderthalis, bem como as redes cerebrais. Os atuais extremos de temperatura e baixa ingestão de fibras na sociedade civilizada podem levar ao aumento da densidade populacional arqueal e quase-espécies de RNA viroidais gerando um novo homo neanderthalis em uma nova era antropocênica neandertal, em oposição à atual idade homo sapiens antropocênica. As densidades populacionais arqueológicas e quase-espécies de RNA viroidal determinam as espécies homo sapien/ homo neanderthalis, raça, casta, comunidade, nacional, sexual, metabólico, fenotípico, neuronal, psiquiátrico, psicológico, imune, genotípico e identidade individual. A arcaea segrega a digoxina de trefone que pode editar os viroides de RNA e gerar novas sequências. A magnetite dipolar arqueal e as porfirinas no ajuste da membrana induzida por digoxina de potássio de sódio ATPas inibição pode produzir um sistema de fóton bombeado mediado por um estado perceptivo quântico e comunicação quântica no sistema simbiótico do RNA viroideal gerando novas sequências pela ação de edição enzimática da digoxina esteroidal. Isto dá origem à diversidade e identidade quase-espécie simbiótica do RNA viroideal para espécies, raça, casta, sexo, cultura, identidade individual e nacional.

As raízes da doença civilizacional ocidental podem estar relacionadas com a inanição da microflora cólica. A microflora cólica depende de carboidratos complexos derivados da fibra alimentar. Os alimentos processados de alta proteína, gordura e açúcares são digeridos e absorvidos no estômago e intestino delgado. Muito pouco chega ao cólon e o uso generalizado de antibióticos na medicina produziu a extinção em massa da microflora do cólon. A microflora do cólon é extremamente diversificada e a diversidade é perdida. Existem 100 triliões de bactérias no cólon pertencentes a 1200 espécies. Elas regulam o sistema imunológico, induzindo as células T-reguladoras. Uma dieta rica em fibras contribui para a diversidade da microflora do cólon. A interação com animais de criação como vacas e cães também contribui para a diversidade da microflora do cólon. A dieta ocidental típica de alta gordura, proteínas e açúcares elevados diminui a diversidade da microbiota cólica e aumenta a arquebactéria cólica/endosibiótica produzindo metanogênese. A arca do cólon alimenta-se do revestimento mucoso do cólon e produz vazamento de arcaea para o sistema de sangue e tecidos produzindo arca do endosimóbiotico. Isto resulta em um estado inflamatório crônico. A dieta rica em fibras dos africanos, sul-americanos e índios produz maior diversidade de microbiota do cólon e aumento dos aglomerados clostridiais gerando SCFA no intestino. A dieta rica em fibras é protetora contra a síndrome metabólica e a diabetes mellitus. A síndrome metabólica está relacionada à degeneração, cancro, doença neuropsiquiátrica e doença auto-imune. Uma dieta rica em fibras de até 40 g/dia pode ser chamada de dieta intestinal. A microflora cólica, especialmente o aglomerado clostridial, digere a fibra gerando ácidos gordos de cadeia curta que regula a imunidade e o metabolismo. A dieta com elevado teor de fibras aumenta a secreção de muco do cólon e a espessura do revestimento mucoso. Uma dieta rica em fibras produz um aumento dos aglomerados clostridiais e da secreção mucosa. Isto produz uma forte barreira sanguínea intestinal e previne a endotoxemia metabólica que produz uma resposta inflamatória crónica. A elevada ingestão de fibras alimentares e a diversidade da microflora do cólon com SCFA proeminente produzindo clusters clostridiais estão inter-relacionados. Os clusters clostridiais metabolizam os complexos carboidratos na fibra alimentar para ácidos gordos de cadeia curta butrato, propionato e acetato. Eles aumentam a função T-reguladora. Uma dieta rica em fibras aumenta as bacteróides e reduz as partículas firmes da microflora do cólon. Uma dieta rica em fibras está associada a um baixo índice de massa corporal. Uma dieta pobre em fibras produz um aumento do crescimento do cólon, bem como do tecido endosibiótico e da artéria sanguínea. Isto produz mais metanogénese do que a síntese de ácidos gordos de cadeia curta, contribuindo para a activação imunitária. Uma dieta pobre em fibras está associada a um alto índice de massa corporal e inflamação sistémica crónica. Ratos livres de germes mostram atrofia cardíaca, pulmonar e hepática. A microflora intestinal é necessária para a geração de sistemas orgânicos. A microflora intestinal também é necessária para a geração de células T-regulatórias. A alta ingestão de fibras produz maior diversidade de microbiota cólica e aumento de aglomerados clostridiais e fermentação por produtos como butirato que suprime a inflamação e aumenta as células T-regulatórias. Uma dieta pobre em fibras produz aumento do crescimento arqueal, metanogênese, destruição do revestimento mucoso e vazamento da artéria cólica produzindo tecido endosibiótico e artérias sanguíneas. Isto produz uma hiper-reactividade imunitária que contribui para as pragas da civilização moderna - síndrome metabólica, esquizofrenia, autismo, cancro, auto-imunidade e degenerações. A microbiota intestinal impulsiona a evolução humana. Os humanos não hospedam a microbiota intestinal, mas a microbiota intestinal nos hospeda. O sistema humano forma um elaborado laboratório de cultura para a propagação e sobrevivência da microbiota. O sistema humano é induzido pela microbiota para a sua sobrevivência e crescimento. O sistema humano existe para a microbiota e não o contrário. O mesmo mecanismo é válido para os sistemas vegetais. As plantas iniciaram a colonização da terra, pois começaram a simbiose com bactérias nos sistemas radiculares que podem derivar nutrientes do solo. Os seres humanos formam um laboratório de cultura móvel para a propagação e sobrevivência mais eficaz da microbiota. A microbiota induz a formação de células imunitárias especializadas chamadas células linfóides inatas. As células linfóides inatas orientam os linfócitos para que não ataquem as bactérias benéficas. Assim, a arca endosimbiótica e a arca intestinal induzem a evolução humana, dos primatas e dos animais para gerar estruturas para que eles sobrevivam e se propaguem. A fonte da arca endosimbiótica, o terceiro elemento da vida é a arca cólica que vaza para os espaços teciduais e sistemas sanguíneos devido à ruptura da barreira intestinal-sangue. O aumento da arca cólica é devido à fome da microbiota intestinal em consequência de uma dieta pobre em fibras. Isto resulta no aumento do crescimento do arquebactéria cólica e na destruição de grupos clostridiais e bacteróides. O aumento do crescimento do cólon arqueal na presença de inanição intestinal devido a uma dieta pobre em fibras devora o revestimento mucoso e produz rupturas na barreira sanguínea intestinal. A artéria cólica entra na corrente sanguínea e produz endosimiosimose gerando endosimiosimiosóidea e vários novos organelo-frutosoides, esteroidelle, vitaminocyte, viroidelle, neurotransminoides, porfirinoides e glicosaminoglicóides.

Materiais e Métodos

O consentimento informado foi obtido de todos os pacientes incluídos no estudo. A permissão do Comitê de Ética do Instituto foi obtida. Para o estudo foi retirado sangue em jejum de indivíduos normais, sem nenhuma doença sistêmica.

O sistema experimental foi o seguinte: O sistema básico continha soro do paciente 0,5 ml + soro normal 0,25 ml + soro fisiológico tamponado + cloreto de cério 0,1 mg/ml. Ao sistema básico foi adicionado MgSO4 0,1 mg/ml.

O Mg++ e Ca++ foram estimados em 0 hora. A porção restante foi incubada durante 16 horas a 37 °C durante 16 horas. O Mg+++ e Ca++ foram estimados ao final de 16 horas. A estimativa do Mg+++ e Ca++ foi feita usando kits comerciais. O citocromo F420 foi estimado flourimetricamente (comprimento de onda de excitação 420 nm e comprimento de onda de emissão 520 nm).

Resultados

Os resultados mostraram que houve uma diminuição do magnésio e um aumento concomitante do cálcio em amostras de soro incubado de indivíduos normais. A diminuição percentual do magnésio foi de 15,68 a 31,48%. O aumento percentual de cálcio foi de 10,43 a 9,79%. Houve detecção de citocromo F420 no sistema por fluorescência indicando crescimento arqueológico dependente do actinídeo cerium. Isto mostrou que a artéria actinídea estava mediando a transmutação biológica do magnésio para o cálcio.

Tabela 1. Transmutação biológica experimental

Caso	Hora	Mg (mEq/l)	% de variação em Mg	Ca (ng/dl)	% de variação em Ca
Caso 1	0 hr	1.415		0.796	
	16 hrs	1.193	15.68 ↓	8.310	10.43 ↑
Caso 2	0 hr	2.290		0.764	
	16 hrs	1.569	31.48 ↓	7.480	9.79 ↑

Discussão

Os resultados mostraram que existe transmutação biológica de magnésio para cálcio em sistemas humanos mediados por artérias actinídicas dependentes de cério para seu crescimento. A regulação dos níveis de cálcio e magnésio na célula por transmutação biológica mediada por arquebactérias pode regular múltiplos sistemas fisiológicos. O cálcio pode modular o TP mitocondrial e a morte celular. Os níveis celulares de cálcio também estão envolvidos na ativação do oncogene. Os níveis de magnésio na célula podem regular a glicosilação e o processamento de proteínas modulando o corpo de Golgi e a função lisossomal. Os níveis pré-sinápticos de cálcio podem regular a transmissão sináptica, bem como a liberação de neurotransmissores na sinapse. Os níveis celulares de cálcio podem ativar o NFKB produzindo a ativação imunológica. Os níveis de magnésio e cálcio podem modular a função mitocondrial e o metabolismo. 3

Há depleção de magnésio do sistema e acúmulo de cálcio que pode predispor a malignidade, doença imunológica, degenerações, esquizofrenia e síndrome metabólica X. [3] O aumento do cálcio intracelular pode abrir o TP mitocondrial produzindo uma disfunção mitocondrial. A deficiência de magnésio pode produzir um defeito mitocondrial ATP sintetase. A abertura do TP mitocondrial produz desregulação volêmica da mitocôndria, hiperosmolaridade e expansão do espaço da matriz mitocondrial produzindo ruptura da membrana externa. Isto leva à liberação do citocromo C no citoplasma, ativando a cascata da caspase e morte celular. Disfunção mitocondrial e apoptose relacionada, bem como geração de radicais livres, têm sido relacionadas à degeneração neuronal. A diminuição do magnésio intracelular pode levar a uma síntese glicoconjugada alterada e a uma disfunção do processamento de proteínas. A disfunção corporal do Golgi, assim como o estresse das ER, tem sido relacionada à degeneração neuronal. Glicoconjugados alterados da superfície celular podem levar a inibição de contato defeituoso e oncogênese. Isto também pode produzir conectividade sináptica desordenada e distúrbios neuropsiquiátricos funcionais. Os glicoconjugados alterados podem levar ao antígeno MHC defeituoso, apresentando caminho e doenças auto-imunes. Uma apresentação defeituosa dos antígenos virais pode levar a evasão imunológica pelo vírus e persistência viral, como na AIDS. O aumento do cálcio intracelular pode ativar o oncogene RAS ao produzir inibição da GTPase e defeitos de fosforilação relacionados à deficiência de magnésio podem inativar os genes supressores do tumor. Ambos podem contribuir para a oncogénese. O aumento do cálcio dentro do neurônio pré-sináptico pode levar ao aumento da liberação de glutamato na sinapse e o aumento do cálcio neuronal pós-sináptico pode aumentar a transdução do sinal NMDA. A transdução do sinal NMDA modula o circuito reverberatório tálamo-cortico-talâmico, importante na percepção consciente e esquizofrenia. O aumento da transdução do sinal NMDA pode contribuir para epilepsia e degenerações dos sistemas neuronais. Um aumento no cálcio neuronal pré-sináptico pode promover ações de receptores dopaminérgicos contribuindo para o estado hiperdopaminérgico observado na esquizofrenia. Uma diminuição do magnésio intracelular pode bloquear a reação de fosforilação envolvida na atividade receptora da proteína tirosina quinase levando à resistência à insulina e à síndrome X. Um aumento do cálcio intracelular pode ativar a transdução de sinal NFKB produzindo ativação imune e doença auto-imune. A ativação imunológica também tem sido relacionada à síndrome X, degenerações, transformações malignas e doenças psiquiátricas.

Uma disfunção dos poros das mitocôndrias relacionada com o excesso de cálcio pode gerar radicais livres. Os radicais livres podem produzir apoptose, activação imunitária, resistência à insulina e actividade NMDA. Os radicais livres podem ativar o NFKB produzindo ativação imunológica e doença auto-imune. Os radicais livres podem ativar o receptor NMDA modulando a percepção consciente e levando à esquizofrenia. Os radicais livres podem produzir disfunções mitocondriais e morte celular. Os radicais livres podem ativar a ativação HIF alfa e oncogene produzindo transformação maligna. Os radicais livres podem produzir resistência insulínica e síndrome metabólica X.

Uma biosfera sombra de actinídea arcaica tem sido descrita em degenerações, malignidade, síndrome metabólica X, distúrbios psiquiátricos e doenças imunológicas. A arcaea transmuta magnésio em cálcio para fins de mineralização biológica. A arcaea pode existir como nanoarréia que pode ser calcificada para formar formas calcificadas de nanoarréia. As partículas de nanoarqueia calcificadas podem induzir a NFKB. Isto pode produzir um estado de activação imunitária sistémica. Isto activa a cascata AKT PI3 induzindo o fenótipo de Warburg com glicólise anaeróbica que é a base da maioria das doenças humanas. O aumento do PT mitocondrial hexoquinase do poro mitocondrial pode produzir proliferação celular. As células malignas dependem da glicólise para as suas necessidades energéticas. O fenótipo de Warburg pode produzir transformações malignas. Os linfócitos dependem da glicólise para as suas necessidades energéticas. O aumento da glicólise pode levar à activação imunitária. A enzima glicolítica gliceraldeído 3-fosfato desidrogenase medeia a morte das células nucleares. A glicólise gerada pelo NADPH ativa a enzima NOX importante na função do receptor de insulina e na atividade do NMDA. Assim, a criação do fenótipo Warburg pode produzir malignidade, doença imunológica, degenerações, esquizofrenia e síndrome metabólica X.

Assim, a geração de radicais livres relacionados com a transmutação e as relações cálcio e magnésio alteradas na célula podem alterar a transmissão sináptica, a função mitocondrial, a função do corpo/ER de Golgi, a função lisossomal, a activação imunitária, a proliferação celular, a resistência à insulina e a morte celular. A transmutação biológica relacionada com a artéria actinídea é um importante mecanismo regulador da célula cuja disfunção pode produzir regulação neuro-imuno-endócrina alterada. Isto pode levar a doenças humanas. A transmutação biológica dá à artéria actinídea energia para sobreviver e gera cálcio para a sua mineralização biológica.

Referências

1. Kervran, L. (1972). *Transmutação Biológica*. Nova Iorque: Swan House Publishing Co.
2. Kurup R.K. , Kurup, P.A. (2002). Detecção de lítio endógeno em distúrbios neuropsiquiátricos - um modelo para transmutação biológica. *Hum. Psicofarmacol.*, 17(1), 29-33.
3. Kurup R., Kurup, P.A. (2009). *Digoxina hipotalâmica, dominância cerebral e função cerebral em saúde e doenças*. Nova Iorque: Nova Science Publishers.

CAPÍTULO 2

DETECÇÃO DE DISTÚRBIOS DE LÍTIO ENDÓGENO EM NEUROPSIQUIATRIA - UM MODELO PARA TRANSMUTAÇÃO BIOLÓGICA

Introdução

A arca actinídea pode mediar transmutação biológica, fissão biológica e reacções de fusão e pode ser considerada como a pedra filosofal e elixir da vida. A arca actinídica endossimbiótica pode catabolizar o colesterol e sintetizar a digoxina, um inibidor endógeno da membrana Na+-K+ ATPase, a digoxina. Um modelo de estado quântico celular/ neuronal e percepção induzida pela digoxina foi descrita em uma comunicação anterior pelos autores. A transmutação biológica tem sido descrita em sistemas microbianos. O estudo foca os níveis séricos de digoxina, membrana da hemácia Na+-K+ ATPase, níveis séricos de magnésio e lítio em distúrbios neuropsiquiátricos e sistêmicos. A geração de lítio endógeno ocorreria obviamente devido à transmutação biológica a partir do magnésio. Os dados deste trabalho são apresentados neste trabalho. A digoxina e o lítio juntos podem produzir inibição de Na+-K+ ATPase de membrana adicionada. A inibição da membrana Na+-K+ ATPase tem sido previamente relacionada à neuropatologia do SNC. O papel da inibição da membrana Na+-K+ ATPase na patogênese de doenças neuropsiquiátricas e sistêmicas é discutido.

Materiais e Métodos

O consentimento informado foi obtido de todos os pacientes/indivíduos normais incluídos no estudo. A permissão do Comitê de Ética do instituto também foi obtida. Pacientes com diagnóstico recente de glioma do SNC, esclerose múltipla (EM), lupus eritmatose sistêmica (LES - neurolupus), panencefalite esclerosante subaguda (PEE), epilepsia generalizada primária, doença de Parkinson (DP), síndrome de Down, demência por AIDS com características neuropsiquiátricas, síndrome X com estado lacunar múltiplo, demência senil, grupo familiar (uma família com coexistência familiar de esquizofrenia, doença de Parkinson, epilepsia generalizada primária, neoplasia maligna, artrite reumatóide e síndrome X, durante três gerações), esquizofrenia e psicose maníaco-depressiva (MDP) foram selecionados aleatoriamente das enfermarias de Medicina e Neurologia do Hospital Medical College, Trivandrum, durante um período de dois anos para este estudo. O diagnóstico em cada caso foi confirmado da seguinte forma: (1) Síndrome X NIDDM (Diabetes mellitus não dependente de insulina), hipertensão arterial, aumento dos níveis de insulina, hipertrigliceridemia, lacunas múltiplas na tomografia computadorizada, (2) glioma do SNC Histopatologicamente comprovado após cirurgia para lesão em massa no cérebro, (3) Esclerose múltipla diagnosticada de acordo com os critérios de Poser, (4) LES diagnosticado de acordo com os critérios da American Rheumatoid Association (ARA), (5) SSPE EEC mostrou complexos periódicos e os títulos de anticorpos contra sarampo no LCR foram positivos, (6) Evidência primária generalizada da EEC de atividade epileptiforme generalizada - idade de início da epilepsia abaixo de 30 anos, MM scan negativo, (7) Doença de Parkinson Clinicamente com bradicinesia, rigidez, tremor, (8) Síndrome de Down Karyotype positivo, (9) Demência por AIDS ELISA positiva, Western blot positiva, (10) Demência senil Apresentação - idade de início acima de 75 anos com disfunção cognitiva, e (11) Transtorno de humor bipolar critério OSM III R (MDP) esquizofrenia.

A idade dos pacientes variou de 30-55 anos, exceto no caso de demência senil, onde foi acima de 75 anos. Todos os pacientes foram diagnosticados recentemente e as amostras de sangue foram retiradas antes do início do tratamento. Não tomaram nenhum medicamento, como digoxina ou lítio. O peso dos pacientes estava todos na faixa de normalidade, pois todos os casos recém-diagnosticados foram diagnosticados. O estado geral de saúde da população de pacientes era normal. Um número igual de indivíduos saudáveis, com idade e sexo compatíveis, serviram como controles. O grupo controle estava livre de todas as doenças sistêmicas e foi selecionado aleatoriamente a partir da população da geração da cidade de Trivandrum. Os grupos controle e paciente foram alimentados com a mesma dieta hospitalar normal por um período de duas semanas após a admissão na ala metabólica do hospital. As amostras de sangue foram retiradas dos grupos controle e pacientes após duas semanas na mesma dieta hospitalar. As amostras dietéticas foram analisadas e confirmadas como livres de contaminação de lítio por espectrofotometria de absorção atômica. O sangue em jejum foi retirado em tubos de citrato de cada um dos pacientes mencionados em cada grupo de doença. As hemácias foram separadas dentro de uma hora após a coleta de sangue para a estimativa da membrana sódio-potássio ATPase. O plasma foi usado para a estimativa de digoxina, magnésio e lítio.

Procedimentos Analíticos

Para a estimativa da atividade da ATPase sódio-potássio da membrana eritrocitária, foi utilizado o procedimento descrito por Wallach e Kamat. A proteína na preparação da membrana RUC foi determinada pelo método de Lowry et al. A digoxina no plasma foi determinada pelo procedimento descrito por Arun et al. O método envolve a extração do plasma com etanol a 90%, seguida pela purificação da digoxina por TLC e a estimativa por

HPLC. O magnésio e o lítio no plasma foram estimados por espectrofotometria de absorção atômica. A análise estatística foi realizada por meio de "ANOVA".

Resultados

(1) Atividade da membrana da hemácia Na+-K+ ATPase

Diminuição da atividade foi observada no LES, síndrome de Down, SSPE, EM, epilepsia, DP, esquizofrenia, MDP, síndrome X, demência por AIDS, demência senil e glioma do SNC.

(2) Concentração da digoxina plasmática

O nível de digoxina no plasma aumentou significativamente no LES, demência senil, síndrome de Down, SSPE, síndrome X com estado lacunar múltiplo, EM, epilepsia generalizada primária, DP, esquizofrenia, glioma do SNC e demência da AIDS, enquanto não houve alteração significativa no MDP.

(3) Concentração do plasma de magnésio e lítio

A concentração plasmática de magnésio diminuiu e a concentração plasmática de lítio aumentou significativamente na EM, epilepsia, DP, LES, síndrome X, glioma do SNC e esquizofrenia. No MDP a concentração sérica de magnésio aumentou, mas não houve alteração significativa no lítio sérico.

Discussão

Os resultados mostraram que a atividade plasmática HMG CoA redutase e a digoxina sérica foram aumentadas nos distúrbios neuropsiquiátricos e sistêmicos descritos. Estudos anteriores neste laboratório demonstraram a incorporação de $^{14C\text{-}acetate}$ na digoxina no cérebro de ratos indicando que a acetil CoA é o precursor da biossíntese da digoxina também em mamíferos. A elevada atividade HMG CoA redutase correlaciona-se bem com níveis elevados de digoxina e redução da atividade da membrana da hemácia Na+-K+ ATPase. O aumento da digoxina endógena, um potente inibidor da membrana Na+-K+ ATPase, pode diminuir esta atividade enzimática. A inibição da membrana Na+-K+ ATPase pela digoxina é conhecida por causar um aumento no cálcio intracelular que desloca o magnésio de seus locais de ligação e causa uma diminuição na disponibilidade funcional do magnésio intracelular. O magnésio sérico foi reduzido em todos os distúrbios estudados e o lítio sérico foi aumentado. O lítio é também um inibidor de membrana Na+-K+ ATPase. A geração de lítio endógeno pode levar a mais inibição da membrana Na+-K+ ATPase.

Um modelo de percepção quântica da função cerebral tem sido postulado por vários grupos de trabalhadores. Embora a percepção consciente seja a forma dominante de percepção no cérebro, a informação do mundo externo também é obtida pela percepção quântica para integração no banco de dados de percepção cortical consciente. O elemento percebido na percepção quântica ou subliminar pode ser o quanta dos campos eléctricos e magnéticos dependentes da matéria. O cérebro funciona como um computador quântico com os elementos de memória quântica constituída por dispositivos de interferência quântica supercondutores - os SQUIDS que podem existir como superposições de estados macroscópicos. Condensação rosa, a base da supercondutividade é alcançável à temperatura ambiente no modelo Frohlich em sistemas biológicos. As moléculas de proteína dielétrica e esfingolípidos polares da membrana neuronal, os nucleossomos (que são uma combinação de histones básicos e ácido nucléico) e as moléculas de magnetita citoplasmática são excelentes osciladores dipolares elétricos, que existem sob um gradiente de voltagem íngreme da membrana neuronal. Os osciladores individuais são energizados com uma fonte constante de bombeamento de energia do exterior, através da ligação da digoxina à membrana Na+-K+ ATPasc e produzindo uma despolarização paroxística na membrana neuronal. Isto evita que os osciladores dipolares se depositem em equilíbrio térmico com o citoplasma e o fluido intersticial que é sempre mantido a uma temperatura constante. Isto resulta em um estado quântico neuronal, Existem conexões diretas entre o hipotálamo e o córtex cerebral e a digoxina pode servir como neurotransmissor para estas sinapses hipotálamo-corticais. Os estados condensados de Bose produzidos pelo sistema de fóton molecular bombeado por proteína dielétrica mediada pela digoxina poderiam ser usados para armazenar informações que poderiam ser codificadas - tudo dentro do modo de freqüência coletiva mais baixa - ajustando adequadamente as amplitudes e relações de fase entre os osciladores dipolo.

O aumento do lítio sérico e a diminuição do magnésio sérico podem ser devidos aos fenómenos de transmutação biológica. A transmutação biológica tem sido postulada por vários grupos de trabalhadores em sistemas microbianos. Estruturas de quantificação de tamanho e forma óptimos são necessárias para interacções nucleares não barradas. Esta situação é percebida no crescimento de culturas microbianas. Durante o processo de crescimento ocorre a replicação do DNA e de outras biomoléculas. Na região de crescimento, os buracos de potencial interatômico com tamanhos que mudam lentamente estão constantemente aparecendo e nesta situação podem ocorrer interações nucleares não barreras. O sistema de fóton bombeado por digoxina induzido por um arco hipotalâmico produz um estado quântico dentro do neurônio/célula. Neste estado quântico celular, a transmutação biológica pode ocorrer levando a um aumento do lítio tecidual por transmutação a partir do magnésio.

A inibição da membrana Na+-K+ ATPase mediada pela digoxina e lítio pode levar a distúrbios neuropsiquiátricos e sistêmicos. A inibição da membrana Na+-K+ ATPase produzida pelo lítio/ digoxina pode aumentar o cálcio intracelular e também produzir a depleção intracelular de magnésio. Isto pode levar a alterações na neurotransmissão sináptica, disfunção mitocondrial, disfunção corporal de Golgi, alteração na proliferação celular e desregulação metabólica. O aumento do cálcio intracelular pode ativar a via de transdução do sinal de calcineurina dependente do cálcio, produzindo a ativação das células T, levando a distúrbios imunes mediados. O aumento do cálcio intracelular pode abrir o PT mitocondrial produzindo uma disfunção mitocondrial. O mesmo pode acontecer com deficiência de magnésio produzindo um defeito na sintase ATP mitocondrial. A abertura do TP mitocondrial provoca desregulação volêmica da mitocôndria, hiperosmolalidade e expansão do espaço da matriz levando à ruptura da membrana externa. Isto leva à liberação do citocromo C no citoplasma, que ativa a cascata da caspase. A disfunção mitocondrial e a apoptose/ geração de radicais livres relacionadas têm sido relacionadas à degeneração neuronal. A diminuição do magnésio intracelular pode levar a uma síntese glicoconjugada alterada e a uma disfunção do processamento de proteínas. Disfunções no processamento de proteínas foram descritas na degeneração neuronal. Glicoconjugados de superfície celular alterados podem levar a inibição de contato defeituoso e oncogênese, conectividade sináptica desordenada, distúrbios neuropsiquiátricos funcionais e antígeno MHC defeituoso apresentando caminho que contribui para esclerose múltipla. Uma apresentação defeituosa dos antígenos virais pode levar a evasão imunológica pelo vírus e persistência viral. O aumento do cálcio intracelular pode ativar o oncogene RAS ao produzir inibição da GTPase e, defeitos de fosforilação relacionados com deficiência de magnésio podem inativar o gene supressor do tumor. Ambos podem contribuir para a oncogénese. O aumento do cálcio dentro do neurônio pré-sináptico pode levar a um aumento da liberação de glutamato na sinapse e o aumento do cálcio neuronal pós-sináptico pode levar a um aumento da transdução do sinal NMDA. Isto pode levar a excitotoxicidade do glutamato importante na degeneração neuronal e epilepsia. A inibição da membrana Na+-K+ ATPase pode levar a uma despolarização paroxística e à epilepsia. Um aumento no cálcio neuronal pré-sináptico também pode promover uma liberação de dopamina na sinapse e um aumento no cálcio neuronal pós-sináptico pode promover uma ação receptora de dopaminérgicos. Um estado hiperdopaminérgico pode levar ainda mais à esquizofrenia. Uma diminuição do magnésio intracelular pode bloquear as reações de fosforilação envolvidas na atividade receptora da proteína tirosina quinase resultando em resistência insulínica e síndrome X.

Assim, a inibição da membrana induzida pela digoxina Na+-K+ ATPase pode levar a um estado quântico neuronal e a uma geração de lítio endógeno, que pode modular as funções celulares. Isto desempenha um papel crucial na patogênese dos distúrbios descritos.

Referências

1. Kurup RK, Kurup PA. *Digoxina Hipotalâmica, Dominância Cerebral e Função Cerebral em Saúde e Doenças*. Nova Iorque: Nova Medical Books, 2009.

CAPÍTULO 3

TRANSMUTAÇÃO DE COBRE E ZINCO E FUNÇÃO CEREBRAL

A arca actinídea pode mediar transmutação biológica, fissão biológica e reacções de fusão e pode ser considerada como a pedra filosofal e elixir da vida.

Os iões de cobre e zinco actuam como neurotransmissores no cérebro e podem ser transmutados de um para o outro. O cobre e o zinco têm um papel importante na emenda do RNA e a emenda do RNA tem um papel importante na determinação do tamanho do cérebro. O RNA pode funcionar como neurotransmissores que armazenam informações e modulam outras funções de neurotransmissão. Os íons metálicos equivalentes estão envolvidos na emenda do RNA e contribuem para a diversidade do mundo do RNA e do córtex pré-frontal.

O zinco pode modular a transmissão NMDA e pode aumentar a transmissão NMDA. A deficiência de zinco pode levar à esquizofrenia. O zinco também está envolvido na síntese de hormônios esteróides e testosterona e sua deficiência leva ao hipogonadismo. O zinco está envolvido na formação do córtex pré-frontal. A deficiência de zinco leva à disfunção do córtex pré-frontal e à consciência humana. Os neurônios contendo zinco são vistos nas camadas II, III, V e IV do córtex cerebral. Eles também são vistos em neurônios piramidais e invertidos do córtex visual. O zinco pode modular a migração neuronal. Os neurônios contendo zinco formam um subconjunto de neurônios glutamátricos no cérebro - o córtex límbico e o córtex cerebral. Os neurônios contendo zinco são vistos nas fibras musgiformes do hipocampo, córtex perirhinal, amígdala, presubiculum, córtex cinculado e claustro. O bombeamento de zinco em vesículas sinápticas envolve o aparelho golgi. A estimulação vesicular do zinco libera o zinco na sinapse que se liga ao local receptor pós sináptico. O zinco é reabsorvido pelo neurônio pré-sináptico. Os neurônios contendo zinco são neurônios glutamátricos no córtex cerebral e amígdalas. Neurônios não glutamatérgicos que contêm zinco são vistos na medula espinhal. O córtex forencéfalo contendo zinco é chamado de córtex neuronal glutaminérgico. O zinco está envolvido na excitotoxicidade do NMDA e na transmissão do NMDA. O zinco está envolvido na secreção de insulina e sua deficiência leva à síndrome metabólica X. O zinco está envolvido na fisiopatologia da diabetes mellitus.

O cobre está envolvido na função diencéfalo e cerebelar. Ele está envolvido na função da parte primitiva do cérebro. Está envolvido na regulação do inconsciente humano. O cobre aumenta a função e síntese da testosterona e leva a estados hipersexuais. A deficiência de cobre e a aceruloplasminemia podem levar à resistência insulínica e à síndrome metabólica.

A deficiência de zinco pode levar à diminuição do colesterol e da síntese de ácido biliar, enquanto o excesso de cobre pode levar à diminuição do colesterol e da síntese de ácido biliar. A deficiência de colesterol e de ácido biliar leva ao autismo e à esquizofrenia. Os ácidos biliares podem ligar-se ao lóbulo olfativo e modular a função do lóbulo límbico. Os ácidos biliares têm uma grande diversidade e contribuem para a identidade do grupo.

O cobre e o zinco têm uma relação inversa. Quando o cobre é alto o zinco é baixo e quando o zinco é alto o cobre é baixo. O zinco aumenta o colesterol e a síntese de ácido biliar enquanto que o cobre o inibe. Existe uma relação inversa entre o cobre e o zinco. O cobre é necessário para a função dopamina beta-hidroxilase, que regula a função monoamina. Também é necessário para a função da flavina contendo aminas oxidases e tirosinase.

O zinco é obtido a partir de fontes de carne e os não vegetarianos têm altos níveis de zinco e função cortical predominante. O cobre é obtido a partir de fontes vegetarianas e os vegetais têm alta função cerebelar e CCAS. O cobre e o zinco podem ser transmutados um ao outro por transmutação biológica mediada por arcaea.

Níveis altos de cobre e baixos de zinco estão envolvidos no autismo, esquizofrenia e ADHD. Assim, o cobre e o zinco podem agir como neurotransmissores metálicos.

Cobre e zinco podem ativar o caminho AKT e a glicólise. O aumento da glicólise está envolvido em distúrbios sistémicos. O aumento da glicólise pode activar a hexoquinase do PT mitocondrial, levando à proliferação celular. Isto produz oncogénese. Os linfócitos dependem da glicólise para as suas necessidades energéticas. A proliferação linfocítica pode levar à doença auto-imune. A enzima glicolítica gliceraldeído 3-fosfato desidrogenase pode ser agida pela enzima PARP e transferida para o núcleo produzindo morte celular e degeneração neuronal. O metabololito glicolítico fosfoglicérato pode ser convertido em fosfoserina, serina e glicina. A serina e a glicina são moduladores de NMDA que afetam a via talamo-cortico-talâmica da percepção consciente. Isto pode levar à esquizofrenia e ao autismo. O aumento da glicólise sugere um fenótipo de Warburg e disfunção mitocondrial que podem contribuir para a evolução da síndrome metabólica X. Assim, a transmutação do zinco de cobre pode contribuir para a síndrome metabólica X, cancro, neurodegeneração, doença auto-imune, esquizofrenia e autismo.

CAPÍTULO 4

DIGOXINA ARQUEAL E CRIAÇÃO DE ESTADO DE PLASMA CELULAR - TRANSDUÇÃO DE SINAL ELETROMAGNÉTICO MOLECULAR/CELULAR

Introdução

A célula humana contém endosimbiótico arquebactérias com capacidade de catabolizar o colesterol e sintetizar a digoxina. [1] A nanoarquéia pode ser mineralizada resultando em calcificação e geração de magnetita celular. A digoxina arqueal produz inibição da ATPase potássica de sódio, uma despolarização paroxística na membrana neuronal e gera um campo eletromagnético de 10-7 Hz de oscilação. A digoxina arqueal está assim envolvida na geração de descargas epilépticas. As descargas elétricas induzidas pela inibição da ATPase de sódio potássio induzida pela digoxina podem gerar um estado plasmático da matéria dentro da célula. Assim, a digoxina arqueal pode induzir um campo eletromagnético e um estado plasmático da matéria intracelular que pode produzir um correlato eletromagnético e plasmático de moléculas e células. [2,3] A magnetita arqueal também pode induzir oscilações de 10-7. As oscilações eletromagnéticas na faixa de 10-7 formam a base da consciência. Este pode ser o campo eletromagnético ou o estado plasmático da matéria relacionado com a consciência humana. As oscilações 10-7 electromagnéticas também são vistas nos campos magnéticos intergalácticos e o postulado de Hoyle de um universo biológico com bactérias magnetotácticas intergalácticas provavelmente a nanoarmácia é relevante neste contexto. [4-6] A digoxina arqueal através da produção de ATPase potássica de sódio e uma despolarização paroxística pode induzir um sistema de fóton bombeado em moléculas dielétricas como as existentes na água, proteínas e magnetita levando a um estado de Frohlich supercondutor à temperatura normal. [7] Isto forma a base da percepção quântica induzida pela digoxina. O campo de CEM induzido pela digoxina arqueal de 10-7 oscilações e campos perceptivos quânticos pode gerar traços eletromagnéticos de proteínas, ácidos nucléicos e carboidratos. Estes traços de campos eletromagnéticos ou padrões de co-resonância de moléculas simples e complexas no ajuste das oscilações celulares podem gerar memória molecular em água. O efeito piezoelétrico induzido pela inibição da ATPase de sódio sódio mediado por digoxina pode gerar sucussão celular e os traços eletromagnéticos moleculares podem ser armazenados em dipolos elétricos de água. Estes traços de EMF de moléculas ou padrão de co-resonância podem formar a base da transdução do sinal celular. Isto foi demonstrado pelo trabalho de Montaigner no que diz respeito à teletransportação de DNA. O presente experimento foi projetado para testar a geração de traços de sinais eletromagnéticos de enzimas e sua transmissão no cenário de inibição da ATPase de sódio potássio induzido por digoxina.

Materiais e Métodos

O cenário da experiência foi desenhado da seguinte forma:

Sistema I: Fosfato salino tamponado (PBS) + substrato de colesterol + plasma + rutilo (0,1 mg/ml) + digoxina (0,5 ng/ml). Sistema II: Controlo da solução tampão fosfato salina (PBS). O sistema é incubado a 37 °C durante 1 hora e, durante o período de incubação, ambos os sistemas I e II são mantidos próximos um do outro. Em seguida, para controlar a PBS adicionar substrato de colesterol e incubar ambos os sistemas a 37 °C durante 16-18 horas. O citocromo F420 foi estimado flourimetricamente (comprimento de onda de excitação 420 nm e comprimento de onda de emissão 520 nm). A detecção do citocromo F420 indica a presença de arcaea. A fluorescência do citocromo F420 foi estimada no tempo 0, após 1 hora e 16-18 horas nos sistemas I e II. O sistema de teste I após 16-18 horas de incubação mostrou diminuição da intensidade de fluorescência devido à destruição de arcaea por longa incubação conseqüente ao esgotamento do substrato, bem como a destruição celular induzida pela digoxina. Houve um aumento de 21% de fluoscência no sistema II de PBS com substrato de colesterol adicionado após 16-18 horas de incubação.

O sistema I de PBS + substrato de colesterol + plasma + rutilo + digoxina tinha citocromo detectável F420 indicando atividade arqueal. Na presença da digoxina, o sistema I produz uma inibição da membrana ATPase sódio potássica da membrana do arquebactéria e um deslocamento de despolarização paroxística. Isto gera um campo eletromagnético arqueal de 10-7 Hz e um sistema de fones quânticos induzidos por digoxina usando magnetita dipolar do arquebactéria. Isto gera um traço eletromagnético da célula do arquebactéria. Os traços eletromagnéticos são dissolvidos em dipolos elétricos de água conseqüente a movimentos celulares e sucussão do citosol induzido por digoxina induzida pelo potássio de sódio ATPase inibição mediada pelo efeito piezoelétrico. Estes vestígios de sinal eletromagnético de células arqueológicas são transmitidos ao sistema II de PBS + substrato de colesterol adicionado. Os traços eletromagnéticos de arcaea geram citocromo F420 no sistema II indicando a presença de arcaea. O experimento indica que na presença de digoxina induzida pelo sistema de fones de bombeamento quântico, o traço eletromagnético de arcaea pode ser gerado e transmitido ao sistema de substrato de PBS + colesterol, resultando na geração de arcaea/citocromo F420 no sistema. Isto pode ser uma forma de teleportação.

Discussão

A ligação da digoxina à ATPase de sódio potássico da membrana arqueal gera uma despolarização paroxística e um campo eletromagnético de oscilações de 10-7 Hz. A PAH dipolar e a magnetite arqueal no ajuste da inibição da ATPase sódica potássica induzida pela digoxina pode produzir um sistema fonônico bombeado mediado pelo modelo de Frohlich supercondutor de estado induzindo a percepção quântica com a gravidade nanoarqueal sentida produzindo a redução orquestrada das possibilidades quânticas para o mundo macroscópico. A inibição da ATPase de potássio de sódio induzida pela digoxina arqueal pode produzir uma despolarização paroxística e descargas elétricas. Isto pode induzir um estado plasmático da matéria na célula. O plasma pode existir como formas de vida com memória e capacidade de replicação. A vida inicial como formas durante a evolução inicial das formas de vida plasmáticas do universo com capacidade de auto-organização. A digoxina arqueal pode gerar um sinal EMF, sinal quântico e sinal de plasma da célula, tecidos e moléculas. A consciência humana é postulada para existir como um campo electromagnético de oscilações de 10-7 Hz ou como consciência plasmática. A digoxina endosibiótica pode gerar um sinal eletromagnético ou de co-resonância plasmática ou vestígio da célula, tecido e moléculas. Este sinal eletromagnético ou de plasma está envolvido na transdução do sinal. Este traço eletromagnético ou de plasma pode ter uma existência extracorpórea e pode estar envolvido em percepção extra-sensorial e fenômenos quânticos. O sinal eletromagnético ou de plasma gerado pela digoxina pode ser armazenado em dipolos elétricos de água conseqüente à sucussão celular gerada pela digoxina induzida pelo sódio potássio ATPase inibição mediada pelo efeito piezoelétrico. O sinal macromolecular, celular e tecidual induzido pela digoxina, assim como o sinal eletromagnético corpóreo e de plasma pode ser transmitido para produzir efeitos fora da célula, tecido e até mesmo do corpo. O presente experimento indica a transferência do sinal eletromagnético de colesterol oxidase gerado pela digoxina para o sistema II para produzir a degradação do colesterol gerando H2O2. Os resultados do experimento correspondem aos dados de teletransporte de DNA relatados por Montaigner. [2,3]

As oscilações de 10-7 Hz também são notadas no campo magnético intergaláctico. O campo magnético intergaláctico é gerado por bactérias magnetotácticas e é biológico. Isto foi postulado por Fred Hoyle. [4-6] O campo magnético intergaláctico está envolvido na formação de sistemas estelares. A colónia intergaláctica de nanoarmácias magnetotácticas gera o campo magnético intergaláctico. A nanoarmácia endossimbiótica gera a consciência humana pela inibição da ATPase de sódio potássico induzida pela digoxina, resultando no campo de consciência eletromagnético/plasma. O cérebro e tecidos humanos podem ser visualizados como sendo regulados por colônias arqueológicas endossimbióticas e tendo evoluído a partir delas. A digoxina arqueal forma o elo de ligação entre o mundo quântico/plasma e o corpo material, gerando um a partir do outro e ligando ambos juntos. O universo biológico teria existido no estado quântico/plasma e o universo material teria evoluído a partir dele devido à função de observador da consciência das formas de vida plasmática. O estado plasmático da matéria é auto-organizador e pode existir como formas de vida com memória, inteligência e capacidade de réplica. Os traços eletromagnéticos e plasmáticos induzidos pela digoxina arqueal são eternos e podem existir extracorpóreos e formar a memória da natureza como postulado por Sheldrake. O estado de plasma ou campo de consciência eletromagnética tem informações passadas, presentes e futuras armazenadas nele como uma forma de sistema de armazenamento de informações quânticas do computador. A informação contida no campo de consciência é impressa no corpo do material através do sistema de fonemas quânticos induzidos por digoxina. [7] A idéia de memória molecular e de transdução de sinal eletromagnético/plasma molecular altera o conceito de metabolismo e função celular.

Referências

1. Kurup R., Kurup, P.A. (2009). *Digoxina hipotalâmica, dominância cerebral e função cerebral em saúde e doenças*. Nova Iorque: Nova Science Publishers.

2. Montagnier, L, Aäissa, J., *et al.* (2009). Os Sinais Electromagnéticos são Produzidos por Nanoestruturas Aquosas Derivadas de Sequências de DNA Bacteriano. *Ciências Interdisciplinares: Ciências da Vida Computacionais*, 1(2), 81-90.

3. Montagnier, L, Aäissa, J., *et al.* (2009), Electromagnetic detection of HIV DNA in the blood of AIDS patients treated by antiretroviral therapy". Ciências Interdisciplinares": Ciências da Vida Computacionais, 1(4), 245-253.

4. Hoyle, F., Wickramasinghe N.C. (1984). From Grains to Bacteria. University College, Cardiff Press.

5. *Evolução a partir do espaço (a palestra Omni) e outros trabalhos sobre a origem da vida* 1982, ISBN 0894900838.

6. *Evolução a partir do Espaço: A Theory of Cosmic Creationism*, 1984, ISBN 0-671-49263-2.

7. Lockwood M. (1989). *Mind, Brain and the Quantum*. Oxford: B. Blackwell.

CAPÍTULO 5

ONDAS ANTI-GRAVITACIONAIS, O UNIVERSO E A ESTRUTURA DA MENTE HUMANA INCONSCIENTE - EVIDÊNCIAS DE ESTUDOS SOBRE ESQUIZOFRENIA E AUTISMO

Introdução

O cerebelo é o local do cérebro inconsciente. O cerebelo está preocupado com os actos automáticos. O comportamento robótico como visto no autismo é localizado ao cerebelo. O cerebelo está preocupado com a percepção extra-sensorial, atos mágicos, fenômenos de poltergeist e atos espirituais. O cerebelo pode ser descrito como a parte do inconsciente coletivo. As lesões cerebelares também se manifestam com fenômenos motores. As lesões do cerebelo manifestam-se com ataxia axial e apendicular. Isto dá uma sensação de antigravidade. O cerebelo está preocupado com a tonalidade dos músculos antigravitacionais. Os campos e ondas antigravitacionais são detectados pelo cerebelo. As lesões cerebelares manifestam-se com disfunção cognitiva descrita como distúrbio cognitivo afetivo cerebelar. A disfunção cerebelar é descrita no autismo e esquizofrenia. Estudos em indivíduos conscientes normais e distúrbios de consciência como esquizofrenia e autismo mostram alterações na atividade do líquido cefalorraquidiano arqueal medida pelo ensaio de citocromo F420. Esquizofrenia e autismo mostram aumento da atividade do citocromo do líquor F420 e pacientes conscientes normais mostram atividade normal. Isto indicou o crescimento actinídico do arquebactéria no sistema nervoso central. A artéria actinídea pode modular a percepção consciente. As artérias actinídicas são extremófitas e podem crescer em condições extremas de temperatura, espaço e antigravidade. [1-3] Isto levou à plausibilidade da onda antigravitacional que detecta a arca actinídea cerebral, mediando as funções do cérebro inconsciente.

Materiais e Métodos

Foi obtida a permissão do comitê de ética do centro e o consentimento individual para o estudo. Os grupos incluídos no estudo são indivíduos conscientes normais (submetidos a procedimentos cirúrgicos da coluna vertebral), pacientes com enfarte vegetativo persistente e distúrbios de consciência como esquizofrenia e autismo. Havia 10 indivíduos em cada grupo. O LCR foi utilizado para o estudo e o protocolo experimental foi o seguinte:- (I) LCR+fosfato salino tamponado, (II) igual ao substrato I+colesterol, (III) igual ao II+cério 0,1 mg/ml, e (IV) igual ao II+ciprofloxacina e doxiciclina, cada um em uma concentração de 1 mg/ml. O substrato de colesterol foi preparado como descrito por Richmond. As alíquotas foram retiradas no tempo zero imediatamente após a mistura e após a incubação a 37 ^{o}C durante 1 hora. O citocromo F420 foi estimado flourimetricamente (comprimento de onda de excitação 420 nm e comprimento de onda de emissão 520 nm).

Resultados

O LCR de indivíduos normais mostrou níveis aumentados do citocromo F420 após incubação por 1 hora e a adição de substrato de colesterol resultou em um aumento ainda mais significativo desses parâmetros. O LCR de pacientes com esquizofrenia e autismo mostrou resultados semelhantes, mas a extensão do aumento foi maior quando comparado a indivíduos conscientes normais. O LCR de indivíduos conscientes normais mostrou diminuição da intensidade do citocromo F420 quando comparado ao LCR de pacientes com esquizofrenia e autismo. A adição de antibióticos ao LCR do paciente consciente normal causou uma diminuição na atividade do citocromo F420, enquanto a adição de cério aumentou sua atividade. A adição de antibióticos ao LCR de esquizofrenia e autismo causou uma diminuição na atividade do citocromo F420 enquanto que a adição de cério aumentou sua atividade, mas a extensão da mudança foi maior nos soros do paciente, em comparação com os indivíduos conscientes normais. Os resultados são expressos como mudança percentual nos parâmetros após 1 hora de incubação, em comparação com os valores em tempo zero.

Tabela 1. Efeito do cério e dos antibióticos no citocromo F420

Grupo	CYT F420 % (Aumento com Cerium)		CYT F420 % (Diminuir com Doxy+Cipro)	
	Média	+ SD	Média	+ SD
Normal	4.48	0.15	18.24	0.66
Esquizofrenia	23.24	2.01	58.72	7.08
Autismo	21.68	1.90	57.93	9.64
Valor F	306.749		130.054	
Valor P	< 0.001		< 0.001	

Discussão

A matéria escura e a energia negra é a repulsiva força antigravitativa que permeia todo o universo contra a gravidade. É responsável pela massa que falta no Universo e constitui 70% da massa do Universo. Ela é responsável pela expansão do Universo. A antigravidade existe como possíveis ondas antigravitacionais. Isto faz parte do vácuo quântico onde matéria e partículas anti-matéria e partículas de gravidade e anti-gravidade se encontram e aniquilam umas às outras. Isto dá origem ao fenómeno da energia de ponto zero ou energia de vácuo que impulsiona a criação do Universo.

Assim como a gravidade forma a antigravidade da mente consciente forma a mente inconsciente que permeia o universo como um todo. Todas as formas do universo são sustentadas por energia negra que pode ser chamada de prana, chi e ki. A energia escura permeia tanto objetos animados quanto inanimados. Quando a energia escura retrocede de um órgão, perde a sua função. A energia escura é a causa da função do corpo e da mente. Na morte, a energia escura deixa o corpo e se mistura com a do universo. O nosso crescimento como corpo humano é contra a gravidade e é um fenómeno anti-gravidade. A levitação é também um fenômeno antigravitacional. A antigravidade ou energia escura ou matéria escura existe como ondas antigravitacionais. Isto forma a mente inconsciente.

O cerebelo preocupa-se com a programação e memória motora e actos robóticos que não atingem a função consciente. O cerebelo preocupa-se com a cognição. O cerebelo desempenha um papel nos actos motores inconscientes, na percepção extra-sensorial e na percepção quântica. O córtex pré-frontal está preocupado com a memória executiva, lógica, raciocínio e julgamento. Assim, a formação reticular forma a ponte entre as partes consciente e inconsciente do cérebro. A formação reticular é uma rede neural primitiva. Os dendritos e axônios que formam as pontes da rede neural podem ser comparados a um flagelo bacteriano baseado na teoria simbiótica de Margulis sobre a evolução celular. [7] Margulis postulou que bactérias como espiroquetas contribuem para o citoesqueleto e a árvore axodendritica do cérebro. Estudos deste laboratório demonstraram a atividade do citocromo arqueal F420 no líquido cefalorraquidiano e no sangue. A formação reticular cerebral pode ser comparada a uma rede de colônias bacterianas arqueológicas primitivas que habitam o SNC de uma extremidade a outra. O arquebactéria sendo extremófilo teria evoluído no espaço exterior em situações de hipergravidade e alcançado a terra por impactos meteóricos produzindo a semeadura da vida na terra. A formação reticular e suas conexões formam a base da ação gravitacional no cérebro.

As bactérias podem crescer em hipergravidade e antigravidade como no caso da artéria extremisfílica. [2,3] A gravidade pode assim estar envolvida na panspermia bacteriana e exobiologia com a actinídea arcaica como principal exemplo. [3] Estudos sobre os efeitos da baixa gravidade no espaço mostram efeitos drásticos no cérebro humano. As células nervosas precisam da gravidade para crescer e funcionar adequadamente. A falta de gravidade afeta a migração neuronal e produz microcefalia. A árvore dendrítica na ausência de gravidade parece ter sido removida de todos os ramos. A gravidade estrutura o cérebro. A gravidade pode modular a síndrome piramidal e extrapiramidal. A rigidez está mais nos músculos que agem sobre a gravidade. A gravidade pode modular a hipotonia cerebelar. A gravidade também pode afectar a percepção consciente. A síndrome de G-LOC é descrita em pilotos de caça expostos a câmaras de campo de alta gravidade. Eles têm características de experiência de quase-morte com visões piedosas, encontrando parentes mortos, vendo luzes alucinatórias e efeito de túneis.

Lesões corticais e cerebelares produzem sinais clínicos diferentes. As lesões corticais levam a efeitos espásticos e antigravitacionais. O córtex cerebral é a base da percepção consciente. Quando o córtex cerebral é danificado, os efeitos antigravitacionais assumem o controle. Uma força antigravitacional oposta à gravidade no universo tem sido descrita. Lesões cerebelares levam à hipotonia, ataxia e um efeito levitário que pode ser considerado como antigravidade. A gravidade estrutura o cérebro e pode ser considerada como um campo de pensamento que forma a base da consciência e da criação da matéria. Ondas gravitacionais unem a mente e a matéria e formam o substrato da mesma. A gravidade e a luz viajam com a mesma velocidade que o pensamento. A gravidade pode formar a base do pensamento humano. Os campos do pensamento humano de acordo com Bohm estão subjacentes ao potencial sub-quântico do qual todas as partículas emanam. [8] Os campos de pensamento incluem ondas gravitacionais que formam a consciência e ondas anti-gravitacionais que formam o cérebro inconsciente.

A mente inconsciente é localizada no cerebelo e no tronco cerebral. O cerebelo tem uma função cognitiva e os distúrbios do cerebelo se apresentam como distúrbio cognitivo afetivo cerebelar. O distúrbio motor cerebelar apresenta-se como ataxia e tem um componente antigravitacional. O cerebelo modula a tonicidade dos músculos antigravitacionais. O cerebelo é responsável por programas motores aprendidos, atos robóticos, atos mágicos, hipnotismo, a percepção paranormal, extra-sensorial e está envolvido em autismo e esquizofrenia. O cerebelo é o local de localização antigravitacional ou de energia negra no cérebro. É o local da mente inconsciente ou do inconsciente coletivo. Isto é em comparação com o córtex cerebral que é o local de percepção consciente e localização das forças gravitacionais. Estudos anatômicos, fisiológicos e funcionais de neuroimagem sugerem que o cerebelo participa da organização da função de ordem superior. Alterações comportamentais estavam presentes em pacientes com lesões envolvendo o lobo posterior do cerebelo e o vérmis. Essas alterações foram caracterizadas por comprometimento das funções executivas, memória de trabalho, cognição espacial, comportamento afetivo e déficits de linguagem. Isto é chamado de distúrbios cognitivos afetivos cerebelares e é caracterizado por alterações na função do cérebro inconsciente. [8]

As artérias actinídicas são extremófitas e podem crescer em condições extremas de temperatura, espaço, hipergravidade e situação antigravitacional. [1] Os actinídeos têm um papel na abiogénese. [2] Isto levou à plausibilidade da antigravidade e hipergravidade que sente a arca actinídea cerebral mediando a consciência e o cérebro inconsciente. O arquebelo actinídico no cerebelo pode sentir a energia escura e a matéria escura tal como ela percebe a gravidade. Isto levou à possibilidade de exobiologia actinídica arquiácea que são de origem paleospérmica contribuindo para a evolução da vida na Terra, incluindo o cérebro homo sapiense. 3

As ondas gravitacionais e anti-gravitacionais ou campos de pensamento são estruturadas no cérebro pela formação reticular da rede de arqueias actinídeas. As ondas anti-gravitacionais podem ser pensadas como o inconsciente coletivo. As ondas gravitacionais podem assim funcionar como um campo de pensamento ou campo subquântico no qual partículas como nêutrons, elétrons, bósons, quarks, férmions podem entrar e sair de ondas para partículas. O campo de pensamento da gravidade funciona como o observador universal e traz à existência o mundo particulado da matéria. Ondas gravitacionais podem formar ondas de pressão que podem criar sons gravitacionais. Estes sons de pensamento podem sofrer soni-luminescência criando fotões e radiação electromagnética a base do mundo da matéria. Assim, o campo de pensamento da gravidade e da matéria é unificado. O pensamento consciente e inconsciente está subjacente ao mundo da matéria. [9]

Referências

1. Eckburg, P.B., Lepp, P.W. e Relman, D.A. Archaea e o seu papel potencial na doença humana. *Infectar. Immun.*, 2003; 71: 591-596.

2. Adam, Z. Actinides e as Origens da Vida. *Astrobiologia*, 2007; 7(6).

3. Davies, P.C.W., Benner, S.A., Cleland, C.E., Lineweaver, C.H., McKay, C.P. e Wolfe-Simon, F. Signatures of a Shadow Biosphere. *Astrobiologia*, 2009; 241-249.

4. Hawking, S. e Mlodinow, L. The Grand Design, 2010, Nova Iorque: Bantam Books.

5. Crick F. A Espantosa Hipótese: The Scientific Search for the Soul, 1995, Nova Iorque: Scribner.

6. Le Sage, G-L. Letter à une académicien de Dijon..., *Mercure de France*, 1756; 153-171.

7. Margulis, L. Archaeal-eubacterial mergulhos na origem de Eukarya: classificação filogenética da vida. *Proc Natl Acad Sci USA*, 1996; 93: 1071-1076.

8. Schmahmann, J.D. e Sherman, J.C. A síndrome cognitiva afetiva cerebelar. O cérebro. 1998, 121: 561-579.

9. Bohm, D. Wholeness and the Implicate Order, 1980, Londres: Routledge.

CAPÍTULO 6

ONDAS GRAVITACIONAIS, O UNIVERSO E A ESTRUTURA DA MENTE HUMANA - EVIDÊNCIAS DE ESTUDOS SOBRE COMA, ESQUIZOFRENIA E AUTISMO

Introdução

Estudos em indivíduos conscientes normais, pacientes comatosos e distúrbios de consciência como esquizofrenia e autismo mostram alterações na atividade arqueal do líquido cefalorraquidiano medida pelo ensaio de citocromo F420. Esquizofrenia e autismo mostram aumento da atividade do citocromo do líquor F420, pacientes conscientes normais mostram atividade normal e pacientes comatosos com infarto biohemisférico e compressão secundária do tronco cerebral devido à hérnia transtentorial não tiveram nenhuma atividade. Isto indicou o crescimento actinídico do arquebactéria no sistema nervoso central. As artérias actinídicas podem modular a percepção consciente. As artérias actinídicas são extremófilas e podem crescer em condições extremas de temperatura, espaço e hipergravidade. [1,2,3] Isto levou à plausibilidade da sensibilidade gravitacional da arca actinídea cérebro actinídea mediando a consciência e também a consciência como uma característica das forças gravitacionais. A gravidade estende-se como ondas gravitacionais compostas de possíveis gravitões por todo o universo. [4] Ondas gravitacionais podem formar ondas de pressão que podem criar sons gravitacionais. Estes sons de pensamento podem sofrer soni-luminescência criando fotões e radiação electromagnética a base do mundo da matéria. A percepção consciente envolve três factores - sincronização perceptual, atenção focalizada mediada pelo núcleo reticular talâmico e o circuito reverberatório talamo-cortico-talâmico reticular. [5] Estas estruturas são moduladas pela gravidade como demonstra a clássica síndrome piramidal onde o tônus está mais nos grupos de músculos anti-gravidade. A atração gravitacional pela sua natureza pode modular a ligação perceptiva e a atenção focalizada. [6] A gravitação também pode mediar a memória de trabalho envolvendo uma fração de segundo estruturada na formação do circuito reverberatório reticular- tálamo-cortico-talâmico- reticular. A formação reticular pode ser considerada como uma rede de colônias primitivas de artérias de hipergravidade com possível origem exobiológica. A gravidade pode assim funcionar como um campo de pensamento que permeia todo o universo como ondas gravitacionais compostas de possíveis gravitões que são partículas sem massa que viajam à velocidade da luz. As ondas gravitacionais formam o campo subquântico a partir do qual quarks, fermions, bósons, electrões, neutrões, positrões e fotões podem aparecer como partículas das suas formas de onda incrustadas no mar de ondas gravitacionais com possíveis gravitões do campo de pensamento funcionando como o observador omnipresente. Assim, o campo de pensamento da gravidade e da matéria é unificado. O pensamento está subjacente ao mundo da matéria. [8]

Estudos em nosso laboratório demonstraram alterações na atividade do citocromo do líquido cefalorraquidiano F420 no líquido cefalorraquidiano de pacientes conscientes, comatosos, esquizofrênicos e autismo. O líquido cefalorraquidiano foi verificado quanto à atividade do citocromo F420 por espectrofotometria. A atividade foi aumentada na esquizofrenia e no autismo, ausente em coma e presente com baixa intensidade em indivíduos conscientes normais. A atividade do citocromo F420, o citocromo metanogênico aumentou com a adição do actinídeo cerium. Isto indicou o crescimento do arquebactéria dependente de actinídeos. As artérias actinídicas são extremófitas e podem crescer em condições extremas de temperatura, espaço e hipergravidade. [1] Os actinídeos têm um papel na abiogénese. [2] Isto levou à plausibilidade da hipergravidade que sente o cérebro actinídea actinídea mediando a consciência e também a consciência como uma característica das forças gravitacionais. Isto levou à possibilidade de exobiologia actinídea actinídea que são de origem paleospérmica contribuindo para a evolução da vida na terra, incluindo o cérebro homo sapiénico. 3

Materiais e Métodos

Foi obtida a permissão do comitê de ética do centro e o consentimento individual para o estudo. Os grupos incluídos no estudo são indivíduos conscientes normais (submetidos a procedimentos cirúrgicos da coluna vertebral), pacientes com enfarte vegetativo persistente e distúrbios de consciência como esquizofrenia e autismo. Havia 10 indivíduos em cada grupo. O LCR foi utilizado para o estudo e o protocolo experimental foi o seguinte:- (I) LCR+fosfato salino tamponado, (II) igual ao substrato I+colesterol, (III) igual ao II+cério 0,1 mg/ml, e (IV) igual ao II+ciprofloxacina e doxiciclina, cada um em uma concentração de 1 mg/ml. O substrato de colesterol foi preparado como descrito por Richmond. As alíquotas foram retiradas no tempo zero imediatamente após a mistura e após a incubação a 37 ºC durante 1 hora. O citocromo F420 foi estimado flourimetricamente (comprimento de onda de excitação 420 nm e comprimento de onda de emissão 520 nm).

Resultados

O LCR de indivíduos normais mostrou níveis aumentados do citocromo F420 após incubação por 1 hora e a adição de substrato de colesterol resultou em um aumento ainda mais significativo desses parâmetros. O LCR de pacientes com esquizofrenia e autismo mostrou resultados semelhantes, mas a extensão do aumento foi maior quando comparado a indivíduos conscientes normais. O LCR de indivíduos conscientes normais mostrou diminuição da intensidade do citocromo F420 quando comparado ao LCR de pacientes com esquizofrenia e autismo. O LCR de pacientes comatosos não mostrou nenhuma atividade. A adição de antibióticos ao LCR do paciente consciente normal causou uma diminuição na atividade do citocromo F420 enquanto a adição de cério aumentou sua atividade. A adição de antibióticos ao LCR de esquizofrenia e autismo causou uma diminuição na atividade do citocromo F420 enquanto que a adição de cério aumentou sua atividade, mas a extensão da mudança foi maior nos soros dos pacientes, em comparação com os indivíduos conscientes normais. O LCR de pacientes comatosos não mostrou nenhuma atividade de citocromo F420 no estado normal, assim como após a adição de antibióticos e cério. Os resultados são expressos como mudança percentual nos parâmetros após 1 hora de incubação, em comparação com os valores no tempo zero.

Tabela 1. Efeito do cério e dos antibióticos no citocromo F420

Grupo	CYT F420 % (Aumento com Cerium)		CYT F420 % (Diminuir com Doxy+Cipro)	
	Média	**± SD**	**Média**	**± SD**
Normal	4.48	0.15	18.24	0.66
Comatose	Atividade zero		Atividade zero	
Esquizofrenia	23.24	2.01	58.72	7.08
Autismo	21.68	1.90	57.93	9.64
Valor F	306.749		130.054	
Valor P	< 0.001		< 0.001	

Discussão

Os pacientes admitidos com oclusão bilateral da haste da artéria cerebral média após a recuperação do AVC agudo desenvolveram hemiplegia dupla, espasticidade e paralisia pseudobulbar. Entram no estado vegetativo persistente com perda da percepção consciente. Os membros são mantidos em uma postura de membros superiores flexionados e membros inferiores estendidos. O tônus está mais no grupo de músculos anti-gravidade - os flexores do membro superior e os extensores do membro inferior. Este é um clássico da espasticidade e da síndrome piramidal. A gravidade tem um efeito sobre o tônus muscular. A espasticidade é produzida pelo envolvimento das vias extrapiramidais, da reticulospinal dorsal e da reticulospinal ventral. A formação reticular é uma extensa rede primitiva do cérebro no tronco cerebral projetando-se para o córtex cerebral pré-frontal, o cerebelo e a medula espinhal. Forma formações de laço longo que se estendem da parte caudal até a parte cefálica do sistema nervoso central. A inibição do trato reticulospinal dorsal nas lesões piramidais resulta em hipertonia e hiper-reflexia e a inibição do trato reticulospinal ventral produz o sinal de Babinski. O cerebelo preocupa-se com a programação motora e com a memória e actos robóticos que não atingem a função consciente. O cerebelo preocupa-se com a cognição. O cerebelo desempenha um papel nos actos motores inconscientes, na percepção extra-sensorial e na percepção quântica. O córtex pré-frontal está preocupado com a memória executiva, lógica, raciocínio e julgamento. Assim, a formação reticular forma a ponte entre as partes consciente e inconsciente do cérebro. A formação reticular é uma rede neural primitiva. Os dendritos e axônios que formam as pontes da rede neural podem ser comparados a um flagelo bacteriano baseado na teoria simbiótica de Margulis sobre a evolução celular. [7] Margulis postulou que bactérias como espiroquetas contribuem para o citoesqueleto e a árvore axodendritica do cérebro. Estudos deste laboratório demonstraram a atividade do citocromo arqueal F420 no líquido cefalorraquidiano e no sangue. A formação reticular cerebral pode ser comparada a uma rede de colônias bacterianas arqueológicas primitivas que habitam o SNC de uma extremidade a outra. O arquebactéria sendo extremófilo teria evoluído no espaço exterior em situações de hipergravidade e alcançado a terra por impactos meteóricos produzindo a semeadura da vida na terra. A formação reticular e suas conexões formam a base da ação gravitacional no cérebro.

As bactérias podem crescer em hipergravidade, como no caso da arca azul extremófila. [2,3] A gravidade pode assim estar envolvida na panspermia bacteriana e exobiologia com a actinídea arcaica como principal exemplo. [3] Estudos sobre os efeitos da baixa gravidade no espaço mostram efeitos drásticos no cérebro humano. As células nervosas precisam da gravidade para crescer e funcionar adequadamente. A falta de gravidade afeta a migração neuronal e produz microcefalia. A árvore dendrítica na ausência de gravidade parece ter sido removida de todos os ramos. A gravidade estrutura o cérebro. A gravidade pode modular a síndrome piramidal e extrapiramidal. A rigidez está mais nos músculos que agem sobre a gravidade. A gravidade pode modular a hipotonia cerebelar. A gravidade também pode afectar a percepção consciente. A síndrome de G-LOC é descrita em pilotos de caça expostos a câmaras de campo de alta gravidade. Eles têm características de experiência de quase-morte com visões piedosas, encontrando parentes mortos, vendo luzes alucinatórias e efeito de túneis. Lesões corticais e cerebelares produzem sinais clínicos diferentes. Lesões corticais levam a espasticidade e efeitos anti-gravidade. O córtex cerebral é a base da percepção consciente. Quando o córtex cerebral é danificado, os efeitos anti-gravidade assumem o seu lugar. Uma força anti-gravidade oposta à gravidade no universo tem sido descrita. Lesões cerebelares levam à hipotonia, ataxia e um efeito levitário que pode ser considerado como antigravidade. A gravidade estrutura o cérebro e pode ser considerada como um campo de pensamento que forma a base da consciência e da criação da matéria. Ondas gravitacionais unem a mente e a matéria e formam o substrato da mesma.

A consciência depende de três parâmetros - memória de trabalho, sincronização perceptual e atenção focada. [5] Esta teoria foi apresentada por Crick, que localizou a consciência no caminho reticular - tálamo-cortico-cortico-talâmico - reticular. A gravidade constituiria a base da consciência. A sincronização perceptual e a atenção focalizada dependeriam da atração gravitacional que é a força ideal para criar estes dois fenômenos. Isto também criaria uma forma de memória de trabalho no fluxo de impulsos nervosos no circuito reticular- tálamo-cortico-talâmico- reticular reverberatório. O cérebro funciona como um computador quântico e nós sentimos as possibilidades quânticas multitudinais do mundo. A magnetite dipolar do arco dipolar no ajuste da membrana endógena induzida por digoxina de potássio de sódio ATPase inibição pode criar um sistema fonônico bombeado mediando a percepção quântica. Quando uma das possibilidades atinge um critério de graviton, ela atinge a percepção consciente. A gravidade pode assim ser considerada como um campo de pensamento ou campo de consciência que permeia todo o universo. Ondas gravitacionais podem formar ondas de pressão que podem criar sons gravitacionais. Estes sons de pensamento podem sofrer soni-luminescência criando fotões e radiação electromagnética a base do mundo da matéria. A soni-luminescência pode criar matéria a partir de sons gravitacionais. Assim, o campo do pensamento pode criar a matéria. A mente e a matéria podem ser unificadas.

A gravidade é uma força vetorial que tem magnitude e direção em cada ponto do espaço. A carga gravitacional é dirigida para o centro da Terra. A teoria da gravidade diz que cada objecto no universo atrai todos os outros objectos com uma força proporcional à sua massa. A força gravitacional existe em todo o Universo e é formada por ondas gravitacionais. As ondas gravitacionais são constituídas por possíveis partículas chamadas gravitões e viajam com a velocidade da luz. A gravidade tem um papel importante na criação do Universo, tal como descrito por Stephen Hawking. [4] Hawking postulou que se a energia total do universo deve permanecer sempre zero e custa energia para criar um corpo, o universo inteiro não pode ser criado do nada. É por isso que deveria haver uma lei como a gravidade. Porque a gravidade é uma energia gravitacional atraente é negativa. É preciso trabalhar para separar sistemas gravitacionais como a Terra e a Lua. Esta energia negativa pode equilibrar a energia positiva necessária para criar matéria. Na escala de todo o universo a energia positiva da matéria pode ser equilibrada pela energia gravitacional negativa e por isso não há restrição à criação de todo o universo. A gravidade é descrita pelo Hawking como uma curvatura no espaço-tempo. Le Sage na sua teoria da gravidade descreve-a como ondas gravitacionais formadas por corpúsculos de ultima mundae que colidem com a matéria e a penetram. [6] A matéria protege-se umas às outras contra a gravidade produzindo uma força de atração. Ondas gravitacionais e partículas penetram toda a matéria e interagem com as partículas subatómicas. As ondas gravitacionais quânticas são possivelmente o potencial subquântico de Bohm do qual todas as partículas como elétron, nêutrons, pósitrons saem e vão como pertuberações. A massa de uma partícula depende da sua interacção com o campo de Higgs e da troca de bósons com ele. Os gravitões são uma forma de Bósons com rotação inversa. Eles podem ser considerados como estendendo-se por todo o universo e são menos massa. A gravidade e a luz viajam com a mesma velocidade do pensamento. A gravidade pode formar a base do pensamento humano. Os campos do pensamento humano de acordo com Bohm estão subjacentes ao potencial sub-quântico do qual todas as partículas emanam. [8]

As ondas gravitacionais ou campos de pensamento são estruturadas no cérebro pela formação reticular da rede actinídea arqueológica. As ondas gravitacionais podem assim funcionar como um campo de pensamento ou campo subquântico no qual as partículas como neutrões, electrões, bósons, quarks, férmions podem entrar e sair das ondas para as partículas. O campo de pensamento da gravidade funciona como o observador universal e traz à existência o mundo particulado da matéria. Ondas gravitacionais podem formar ondas de pressão que podem criar sons gravitacionais. Estes sons de pensamento podem sofrer soniluminescência criando fotões e radiação electromagnética a base do mundo da matéria. Assim, o campo de pensamento da gravidade e da matéria é unificado. O pensamento está subjacente ao mundo da matéria. [8]

Referências

1. Eckburg, P.B., Lepp, P.W. e Relman, D.A. Archaea e o seu papel potencial na doença humana. *Infectar. Immun.*, 2003; 71: 591-596.

2. Adam, Z. Actinides e as Origens da Vida. *Astrobiologia*, 2007; 7(6).

3. Davies, P.C.W., Benner, S.A., Cleland, C.E., Lineweaver, C.H., McKay, C.P. e Wolfe-Simon, F. Signatures of a Shadow Biosphere. *Astrobiologia*, 2009; 241-249.

4. Hawking, S. e Mlodinow, L. *The Grand Design*, 2010, Nova Iorque: Bantam Books.

5. Crick F. *A Espantosa Hipótese: The Scientific Search for the Soul*, 1995, Nova Iorque: Scribner.

6. Le Sage, G-L. Letter à une académicien de Dijon..., *Mercure de France*, 1756; 153-171.

7. Margulis, L. Archaeal-eubacterial mergulhos na origem de Eukarya: classificação filogenética da vida. *Proc Natl Acad Sci USA*, 1996; 93: 1071-1076.

8. Bohm, D. *Wholeness and the Implicate Order*, 1980, Londres: Routledge.

CAPÍTULO 7

NEANDERTHALIC ENDOSYMBIOTIC ACTINIDIC ARCHAEA/VIROIDS, PERCEPÇÃO QUÂNTICA E REENCARNAÇÃO BIOLÓGICA

Introdução

É apresentado um modelo endossimbiótico actinídico e viroide mediado de percepção quântica e reencarnação biológica. A arca actinídica e os viroides têm estado relacionados com a patogénese da esquizofrenia, autismo e distúrbio convulsivo primário2. As artérias actinídicas têm uma via mevalonada e o catabolismo do colesterol1-8. A arca actinídica endossimbiótica e os viroides têm transporte axonal e transináptico funcionando como neurotransmissores biológicos. O cérebro humano pode ser comparado a um biofilme arqueológico modificado bem organizado com viroides derivados do arquebactéria servindo como mensageiros. A arca actinídea com a sua magnetite pode mediar a percepção quântica e armazenar informação biológica. As arcaias actinídicas são eternas e a informação biológica armazenada em computadores quânticos de magnetita arqueal pode servir como um armazenamento de informação biológica na natureza. A percepção quântica mediada pela magnetita actinídea também forma a base do inconsciente coletivo. Isto pode mediar o mecanismo das memórias reencarnativas.

Materiais e Métodos

Foi obtido o consentimento informado dos sujeitos e a aprovação do Comitê de Ética para o estudo. Os seguintes grupos foram incluídos no estudo:- esquizofrenia, autismo e distúrbio convulsivo primário/primário de epilepsia generalizada. Havia 10 pacientes em cada grupo e cada paciente tinha uma idade e sexo compatível com um controle saudável selecionado aleatoriamente a partir da população geral. As amostras de sangue foram coletadas no estado de jejum, antes do início do tratamento. Plasma de sangue heparinizado em jejum foi utilizado e o protocolo experimental foi o seguinte:- (I) Plasma+fosfato tamponado salino, (II) o mesmo que o substrato I+colesterol, (III) o mesmo que o II+rutil 0,1 mg/ml, e (IV) o mesmo que o II+ciprofloxacina e doxiciclina, cada um em uma concentração de 1 mg/ml. O substrato de colesterol foi preparado conforme descrito por Richmond9. As alíquotas foram retiradas no tempo zero imediatamente após a mistura e após a incubação a 37 ºC durante 1 hora. Foram realizadas as seguintes estimativas: citocromo F420, RNA livre, DNA livre, hidrocarboneto aromático policíclico, peróxido de hidrogênio, dopamina, noradrenalina, serotonina, piruvato, amônia, glutamato, acetilcolina, hexoquinase, HMG CoA redutase, digoxina e ácidos biliares10-13. O citocromo F420 foi estimado flourimetricamente (comprimento de onda de excitação 420 nm e comprimento de onda de emissão 520 nm). O hidrocarboneto policíclico aromático foi estimado através da medição do peróxido de hidrogênio liberado pelo uso de reagente de glicose. A análise estatística foi feita pela ANOVA.

Resultados

Os parâmetros verificados como indicado acima foram: citocromo F420, RNA livre, DNA livre, ácido murâmico, hidrocarboneto policíclico aromático, peróxido de hidrogênio, serotonina, piruvato, amônia, glutamato, citocromo C, hexoquinase, ATP sintase, HMG CoA redutase, digoxina e ácidos biliares. Plasma de indivíduos controle mostrou níveis aumentados dos parâmetros acima mencionados com após incubação por 1 hora e adição de substrato de colesterol resultou em um aumento ainda mais significativo desses parâmetros. O plasma dos pacientes mostrou resultados semelhantes, mas a extensão do aumento foi maior. A adição de antibióticos ao plasma controle causou uma diminuição em todos os parâmetros enquanto que a adição de rutilo aumentou seus níveis. A adição de antibióticos ao plasma do paciente causou uma diminuição em todos os parâmetros enquanto a adição de rutilo aumentou seus níveis, mas a extensão da mudança foi maior nos soros dos pacientes em comparação com os controles. Os resultados são expressos nas tabelas 1-8 como mudança percentual nos parâmetros após 1 hora de incubação, em comparação com os valores em tempo zero.

Tabela 1. Efeito do rutilo e dos antibióticos no citocromo F 420 e na noradrenalina

Grupo	CYT F420 % (Aumento com Rutilo)		CYT F420 % (Diminua com Doxy)		Noradrenalina % (Aumento com Rutilo)		Noradrenalina % (Diminuir com Doxy+Cipro)	
	Média	+ SD	Média	+ SD	Média	+ SD	Média	+ SD
Normal	4.48	0.15	18.24	0.66	4.43	0.19	18.13	0.63
Schizo	23.24	2.01	58.72	7.08	22.50	1.66	60.21	7.42
Apreensão	23.46	1.87	59.27	8.86	23.81	1.19	61.08	7.38
Autismo	21.68	1.90	57.93	9.64	23.52	1.49	63.24	7.36
Valor F	306.749		130.054		380.721		171.228	
Valor P	< 0.001		< 0.001		< 0.001		< 0.001	

Tabela 2. Efeito do rutilo e dos antibióticos na dopamina e na serotonina

Grupo	DOPAMINE variação percentual (Aumento com Rutilo)		DOPAMINE variação percentual (Diminua com Doxy)		Serotonina variação percentual (Aumento com Rutilo)		Serotonina variação percentual (Diminuir com Doxy+Cipro)	
	Média	+ SD	Média	+ SD	Média	+ SD	Média	+ SD
Normal	4.41	0.15	18.63	0.12	4.34	0.15	18.24	0.37
Schizo	21.88	1.19	66.28	3.60	23.02	1.65	67.61	2.77
Apreensão	22.29	1.33	65.38	3.62	22.13	2.14	66.26	3.93
Autismo	22.76	2.20	67.63	3.52	22.79	2.20	64.26	6.02
Valor F	403.394		680.284		348.867		364.999	
Valor P	< 0.001		< 0.001		< 0.001		< 0.001	

Tabela 3. Efeito do rutilo e dos antibióticos no ADN e RNA livres

Grupo	variação % de ADN (Aumento com Rutilo)		variação % de ADN (Diminua com Doxy)		ARN % mudança (Aumento com Rutilo)		ARN % mudança (Diminua com Doxy)	
	Média	+ SD	Média	+ SD	Média	+ SD	Média	+ SD
Normal	4.37	0.15	18.39	0.38	4.37	0.13	18.38	0.48
Schizo	23.28	1.70	61.41	3.36	23.59	1.83	65.69	3.94
Apreensão	23.40	1.51	63.68	4.66	23.08	1.87	65.09	3.48
Autismo	22.12	2.44	63.69	5.14	23.33	1.35	66.83	3.27
Valor F	337.577		356.621		427.828		654.453	
Valor P	< 0.001		< 0.001		< 0.001		< 0.001	

Tabela 4. Efeito do rutilo e dos antibióticos na HMG CoA redutase e HAP

Grupo	HMG CoA R variação percentual (Aumento com Rutilo)		HMG CoA R variação percentual (Diminua com Doxy)		HAP % de variação (Aumento com Rutilo)		HAP % de variação (Diminua com Doxy)	
	Média	+ SD	Média	+ SD	Média	+ SD	Média	+ SD
Normal	4.30	0.20	18.35	0.35	4.45	0.14	18.25	0.72
Schizo	22.91	1.92	61.63	6.79	23.01	1.69	59.49	4.30
Apreensão	23.09	1.69	61.62	8.69	22.67	2.29	57.69	5.29
Autismo	22.72	1.89	64.51	5.73	22.61	1.42	64.48	6.90
Valor F	319.332		199.553		391.318		257.996	
Valor P	< 0.001		< 0.001		< 0.001		< 0.001	

Tabela 5. Efeito do rutilo e dos antibióticos na digoxina e nos ácidos biliares

Grupo	Digoxina (ng/ml) (Aumento com Rutilo)		Digoxina (ng/ml) (Diminuir com Doxy+Cipro)		Ácidos biliares % mudança (Aumento com Rutilo)		Ácidos biliares % mudança (Diminua com Doxy)	
	Média	+ SD	Média	+ SD	Média	+ SD	Média	+ SD
Normal	0.11	0.00	0.054	0.003	4.29	0.18	18.15	0.58
Schizo	0.55	0.06	0.219	0.043	23.20	1.87	57.04	4.27
Apreensão	0.51	0.05	0.199	0.027	22.61	2.22	66.62	4.99
Autismo	0.53	0.08	0.205	0.041	22.21	2.04	63.84	6.16
Valor F	135.116		71.706		290.441		203.651	
Valor P	< 0.001		< 0.001		< 0.001		< 0.001	

Tabela 6. Efeito do rutilo e dos antibióticos sobre o piruvato e a hexoquinase

Grupo	Pyruvate % change (Aumento com Rutilo)		Pyruvate % change (Diminua com Doxy)		Hexokinase variação percentual (Aumento com Rutilo)		Hexokinase variação percentual (Diminua com Doxy)	
	Média	+ SD	Média	+ SD	Média	+ SD	Média	+ SD
Normal	4.34	0.21	18.43	0.82	4.21	0.16	18.56	0.76
Schizo	20.99	1.46	61.23	9.73	23.01	2.61	65.87	5.27
Apreensão	20.94	1.54	62.76	8.52	23.33	1.79	62.50	5.56
Autismo	21.91	1.71	58.45	6.66	22.88	1.87	65.45	5.08
Valor F	321.255		115.242		292.065		317.966	
Valor P	< 0.001		< 0.001		< 0.001		< 0.001	

Tabela 7. Efeito do rutilo e dos antibióticos no peróxido de hidrogénio e na acetilcolina

Grupo	H2O2 % (Aumento com Rutilo)		H2O2 % (Diminua com Doxy)		Acetyl Choline % (Aumento com Rutilo)		Acetyl Choline % (Diminua com Doxy)	
	Média	+ SD	Média	+ SD	Média	+ SD	Média	+ SD
Normal	4.43	0.19	18.13	0.63	4.40	0.10	18.48	0.39
Schizo	22.50	1.66	60.21	7.42	22.52	1.90	66.39	4.20
Apreensão	23.81	1.19	61.08	7.38	22.83	1.90	67.23	3.45
Autismo	23.52	1.49	63.24	7.36	23.20	1.57	66.65	4.26
Valor F	380.721		171.228		372.716		556.411	
Valor P	< 0.001		< 0.001		< 0.001		< 0.001	

Tabela 8. Efeito do rutilo e dos antibióticos sobre o glutamato e o amoníaco

Grupo	Glutamato % (Aumento com Rutilo)		Glutamato % (Diminua com Doxy)		Amoníaco % (Aumento com Rutilo)		Amoníaco % (Diminua com Doxy)	
	Média	+ SD	Média	+ SD	Média	+ SD	Média	+ SD
Normal	4.34	0.21	18.43	0.82	4.40	0.10	18.48	0.39
Schizo	20.99	1.46	61.23	9.73	22.52	1.90	66.39	4.20
Apreensão	20.94	1.54	62.76	8.52	22.83	1.90	67.23	3.45
Autismo	21.91	1.71	58.45	6.66	23.20	1.57	66.65	4.26
Valor F	321.255		115.242		372.716		556.411	
Valor P	< 0.001		< 0.001		< 0.001		< 0.001	

Discussão

Houve aumento no citocromo F420 indicando crescimento arqueológico. A arcaea pode sintetizar e usar o colesterol como fonte de carbono e energia14,15. A origem arqueal das atividades enzimáticas foi indicada pela supressão induzida por antibióticos. O estudo indica a presença de arcaea baseada em actinídeos com enzimas alternativas baseadas em actinídeos ou metalloenzimas no sistema, conforme indicado pelo aumento rutilo induzido na atividade enzimática16. Houve também um aumento na atividade arqueal HMG CoA redutase indicando aumento na síntese de colesterol pela via mevalonada arqueal. A atividade da beta-hidroxil esteroide desidrogenase do arquebactéria indicando síntese de digoxina e a atividade da hidroxilase do colesterol do arquebactéria indicando síntese de ácido biliar foram aumentadas7. A atividade da oxidase do colesterol do arquebactéria foi aumentada resultando na geração de piruvato e peróxido de hidrogênio15. O piruvato é convertido em glutamato e amoníaco pela via de derivação GABA. O piruvato pode ser convertido em acetil CoA e acetil colina. A aromatização arqueal do colesterol gerando PAH, serotonina e dopamina também foi detectada17. A atividade da hexoquinase glicolítica do arquebactéria e a atividade extracelular ATP sintetase do arquebactéria foram aumentadas. O arquebactérias pode sofrer mineralização por magnetita e carbonato de cálcio e pode existir como nanoformas calcificadas18.

A arcaea e os viroides podem regular o sistema nervoso, incluindo a via tálamo-cortico-talâmica NMDA/ GABA que medeia a percepção consciente2,19. Os receptores NMDA/ GABA podem ser modulados pelas oscilações de cálcio induzidas pela digoxina, resultando na indução de atividade NMDA/ ácido glutâmico descarboxilase (GAD), aumentando a atividade NMDA e induzindo GAD, bem como os receptores de interferência

RNA induzida pelo viróide, modulando os receptores NMDA/ GABA2. O anel de colesterol oxidase gerado pela piruvato pode ser convertido pelo caminho de derivação GABA para glutamato e GABA. O aumento da transmissão de NMDA tem sido descrito na esquizofrenia, autismo e distúrbio convulsivo primário. Os ácidos biliares arqueológicos são quimicamente diversos e estruturalmente diferentes dos ácidos biliares humanos. Os ácidos biliares arqueais podem ligar receptores GPCR olfativos e estimular o lóbulo límbico produzindo um sentido de identidade social. A dominância dos ácidos biliares arqueais sobre os ácidos biliares humanos na estimulação da via olfativa GPCR- lobo límbico leva à perda da identidade social e esquizofrenia/autismo. Os ácidos biliares arqueais são importantes como moduladores do lobo límbico e dão identidade social, grupal e racial aos seres humanos.

O cérebro funciona como um computador quântico com elementos de memória quântica constituída por dispositivos supercondutores de interferência quântica - os SQUIDS que podem existir como superposições de estados macroscópicos. Condensação Bose, a base da supercondutividade é alcançável à temperatura ambiente no modelo Frohlich em sistemas biológicos. A magnetita dielétrica e a PAH são excelentes osciladores dipolares elétricos que existem sob um gradiente de tensão de membrana neuronal íngreme. Os osciladores individuais são energizados com uma fonte constante de energia de bombeamento do exterior através da ligação da digoxina à membrana de sódio potássio ATPase e produzindo um deslocamento de despolarização paroxística na membrana neuronal. Isto evita que os osciladores dipolo se fixem em equilíbrio térmico com o citoplasma e o fluido intersticial que é sempre mantido a uma temperatura constante. Os estados condensados de Bose produzidos pelo sistema de fones de magnetita molecular bombeados por magnetita dielétrica mediada por digoxina poderiam ser usados para armazenar informações que poderiam ser codificadas - tudo dentro do modo de freqüência coletiva mais baixa - ajustando adequadamente as relações de amplitude e fase entre os osciladores dipolo. A impressão sensorial do mundo externo existe nos osciladores dipolo como padrões sobrepostos probabilísticos múltiplos - a fase U da mecânica quântica. A parte dos mapas de dados quânticos recebidos do mundo externo construída pela percepção subliminar em seqüência lógica e corolário ao mapa do mundo cortical externo construído pela percepção consciente é escolhida. Digoxin atuando sobre a membrana neuronal ajuda a ampliar o mapa escolhido a um critério gravitacional e ao limiar necessário para que a rede neuronal dispare e a consciência. A gravidade nanoarqueal de magnetita sensorial também pode produzir a redução orquestrada das possibilidades quânticas para o mundo macroscópico. A comparação entre mapas quânticos subliminares percebidos e mapas corticais anteriores armazenados em redes sinápticas ocorre pelo efeito quântico não-local de mosaico quasi-cristalino que medeia a ativação e desativação de sinapses através da contração e crescimento de espinhas dendríticas. A Digoxina de ligação ao potássio de sódio ATPase pode modular microdomínios lipídicos na membrana neuronal alterando a conformação das proteínas dendríticas da coluna vertebral ligadas à membrana neuronal. Isto pode contribuir para a contracção e crescimento das espinhas dendríticas e para o efeito de moagem quasi-cristalina. A parte R da percepção quântica do sub-limiar não é determinista e introduz um elemento completamente aleatório na evolução do tempo e no funcionamento do R, pode haver um papel de livre arbítrio. Na percepção quântica não há passado, presente ou futuro. Todos eles podem existir juntos. Isto dá uma explicação para a percepção extra-sensorial e premonições e visões do passado. Também no estado quântico, não-localidade e ação à distância é possível. Isto pode explicar a psicocinese e as viagens mentais. A informação armazenada em um cérebro pode ser transferida quantalmente para outro cérebro levantando a possibilidade de experiências reencarnativas. O modelo de percepção quântica da função cerebral pode dar uma explicação para a hipnose. No estado quântico, dependendo da função do observador da consciência, a matéria pode ser criada a partir do vazio. O estado quântico só chega ao estado particulado quando há um observador quântico. A consciência depende da percepção quântica subliminar dos osciladores de magnetita dipolo cortical. O mundo externo passa a existir dependendo da função do observador de consciência. Assim, a consciência e o mundo externo são interdependentes e o mundo externo existe por causa do ato de observação. O mundo é uma miragem e é um reflexo da função de observação da consciência. [19]

A magnetita arqueal e a digoxina arqueal podem armazenar todas as experiências mundiais em osciladores de dipolo de magnetita, servindo como armazém de informação quântica biológica. Os arquebactérias são externos e nunca morrem. A arca actinídea magnetotáctica pode carregar toda a informação biológica do mundo para a eternidade. O arquebactérias actinídico existe como terceiro elemento em cada célula e pode transportar a informação biológica nos computadores de magnetite quântica para as células embrionárias, mediando uma forma de reencarnação biológica. O terceiro elemento eterno actinídico arquebactéria actinídea pode servir como fonte de informação biológica pré-existente de uma vida anterior com a finalidade de construir a personalidade biológica presente de um novo indivíduo em continuação com experiências de vida anterior armazenadas em computadores quânticos de magnetita quântica arqueal. A percepção quântica mediada por actinídeas e viroides também dá origem aos fenómenos do inconsciente colectivo onde a informação biológica armazenada nos computadores quânticos de magnetita arqueal em cérebros diferentes funciona como um único todo indivisível. [19]

Referências

1. Valiathan M.S., Somers, K., Kartha, C.C. (1993). *Endomyocardial Fibrosis.* Delhi: Oxford University Press.

2. Kurup R., Kurup, P.A. (2009). *Digoxina hipotalâmica, dominância cerebral e função cerebral em saúde e doenças.* Nova Iorque: Nova Science Publishers.

3. Hanold D., Randies, J.W. (1991). Coconut cadang-cadang disease and its viroid agent, *Plant Disease,* 75, 330-335.

4. Edwin B.T., Mohankumaran, C. (2007). Fitoplasma da doença de Kerala wilt: Phylogenetic analysis and identification of a vector, *Proutista moesta, Physiological and Molecular Plant Pathology,* 71(1-3), 41-47.

5. Eckburg P.B., Lepp, P.W., Relman, D.A. (2003). Archaea and their potential role in human disease, *Infect Immun,* 71, 591-596.

6. Adam Z. (2007). Actinides e Origens da Vida, *Astrobiologia,* 7, 6-10.

7. Schoner W. (2002). Endogenous cardiac glycosides, uma nova classe de hormônios esteróides, *Eur J Biochem,* 269, 2440-2448.

8. Davies P.C.W., Benner, S.A., Cleland, C.E., Lineweaver, C.H., McKay, C.P., Wolfe-Simon, F. (2009). Signatures of a Shadow Biosphere, *Astrobiology,* 10, 241-249.

9. Richmond W. (1973). Preparation and properties of a cholesterol oxidase from nocardia species and its application to the enzymatic assay of total cholesterol in serum, *Clin Chem,* 19, 1350-1356.

10. Snell E.D., Snell, C.T. (1961). *Métodos Colorimétricos de Análise.* Vol 3A. Nova Iorque: Van NoStrand.

11. Glick D. (1971). *Métodos de Análise Bioquímica.* Vol 5. Nova Iorque: Interscience Publishers.

12. Colowick, Kaplan, N.O. (1955). *Métodos em Enzimologia.* Vol 2. Nova York: Imprensa Académica.

13. Maarten A.H., Marie-Jose, M., Cornelia, G., van Helden-Meewsen, Fritz, E., Marten, P.H. (1995). Detection of muramic acid in human spleen, *Infection and Immunity,* 63(5), 1652 - 1657.

14. Smit A.,Mushegian, A. (2000).Biossíntese de isoprenóides via mevalonato em Archaea: o caminho perdido,*Genoma Res,* 10(10), 1468-84.

15. Van der Geize R., Yam, K., Heuser, T., Wilbrink, M.H., Hara, H., Anderton, M.C. (2007). A gene cluster encoding cholesterol catabolism in a soil actinomycete provides insight into Mycobacterium tuberculosis survival in macrophages, *Proc Natl Acad Sci USA,* 104(6), 1947-52.

16. Francis A.J. (1998). Biotransformation of uranium and other actinides in radioactive waste, *Journal of Alloys and Compounds,* 271(273), 78-84.

17. Probian C., Wülfing, A., Harder, J. (2003). Anaerobic mineralization of quaternary carbon atoms: Isolamento de bactérias desnitrificantes em ácido pivalico (ácido 2,2-dimetilpropiônico), *Microbiologia Aplicada e Ambiental*, 69(3), 1866-1870.

18. Vainshtein M., Suzina, N., Kudryashova, E., Ariskina, E. (2002). New Magnet-Sensitive Structures in Bacterial and Archaeal Cells, *Biol Cell*, 94(1), 29-35.

19. Lockwood M. (1989). *Mind, Brain and the Quantum*. Oxford: B. Blackwell.

CAPÍTULO 8

ACTINÍDEA ACTINÍDICA NEANDERTÁLICA MEDEIA A TRANSMUTAÇÃO BIOLÓGICA EM SISTEMAS HUMANOS - EVIDÊNCIA EXPERIMENTAL

Introdução

A arca actinídea pode mediar transmutação biológica, fissão biológica e reacções de fusão e pode ser considerada como a pedra filosofal e elixir da vida. A transmutação biológica tem sido postulada por vários grupos de trabalhadores em sistemas microbianos. [1,2] Estruturas de quantificação de tamanho e forma ideais são necessárias para interações nucleares sem barreiras. A situação é realizada em culturas microbianas. Durante o processo de crescimento, ocorre a replicação de DNA e outras biomacromoleculas. Na região de crescimento, os buracos de potencial interatômico com tamanhos que mudam lentamente estão constantemente aparecendo e, nesta situação, interações nucleares sem barreiras podem ocorrer. A arca actinídea tem sido descrita em sistemas humanos do nosso laboratório e funciona como endossimbiontes celulares que regulam múltiplas funções celulares. A arca actinídica utiliza uma bioquímica alternativa dependente de actinídeos para a catálise enzimática. As praias de Kerala são ricas em elementos actinídicos presentes como rutilo, illmenita e monazita. A arca actinídica é um endossímbone da célula humana e é possível que o organismo possa mediar a transmutação biológica. A transmutação do magnésio ao cálcio pode servir como um mecanismo de regulação do sistema neuro-imuno-endócrino. A carência de magnésio é observada em degenerações, malignidade, síndrome metabólica X, distúrbios psiquiátricos e doenças imunológicas. [3] A arca actinídea pode existir como nanoarréia que pode ser submetida à mineralização da magnetite e do cálcio. É possível que o magnésio esteja sendo transmutado biologicamente ao cálcio para produzir quantidades suficientes para a mineralização do cálcio. A nanoarréia calcificada pode produzir uma ativação imunológica sistêmica contribuindo para as diversas patologias de degenerações, malignidade, síndrome metabólica X, distúrbios psiquiátricos e doenças imunológicas para estudar a transmutação biológica do magnésio para o cálcio e o cério. Os resultados são apresentados neste artigo.

Materiais e Métodos

O consentimento informado foi obtido de todos os pacientes incluídos no estudo. A permissão do Comitê de Ética do Instituto foi obtida. Para o estudo foi retirado sangue em jejum de indivíduos normais, sem qualquer doença sistêmica.

O sistema experimental foi o seguinte: O sistema básico continha soro do paciente 0,5 ml + soro normal 0,25 ml + soro fisiológico tamponado + cloreto de cério 0,1 mg/ml. Ao sistema básico foi adicionado MgSO4 0,1 mg/ml.

O Mg++ e Ca++ foram estimados em 0 hora. A porção restante foi incubada durante 16 horas a 37 ºC durante 16 horas. O Mg+++ e Ca++ foram estimados ao final de 16 horas. A estimativa do Mg+++ e Ca++ foi feita usando kits comerciais. O citocromo F420 foi estimado flourimetricamente (comprimento de onda de excitação 420 nm e comprimento de onda de emissão 520 nm).

Resultados

Os resultados mostraram que houve uma diminuição do magnésio e um aumento concomitante do cálcio em amostras de soro incubado de indivíduos normais. A diminuição percentual do magnésio foi de 15,68 a 31,48. O aumento percentual de cálcio foi de 10,43 a 9,79. Houve detecção de citocromo F420 no sistema por fluorescência indicando crescimento arqueológico dependente do actinídeo cerium. Isto mostrou que a artéria actinídea estava mediando a transmutação biológica do magnésio para o cálcio.

Tabela 1. Transmutação biológica experimental

Caso	Tempo (hr)	Mg (mEq/l)	% de variação em Mg	Ca (ng/dl)	% de variação em Ca
Caso 1	0	1.415		0.796	
	16	1.193	15.68 ↓	8.310	10.43 ↑
Caso 2	0	2.290		0.764	
	16	1.569	31.48 ↓	7.480	9.79 ↑

Discussão

Os resultados mostraram que existe transmutação biológica de magnésio para cálcio em sistemas humanos mediados por artérias actinídicas dependentes de cério para seu crescimento. A regulação dos níveis de cálcio e magnésio na célula por transmutação biológica mediada por arquebactérias pode regular múltiplos sistemas fisiológicos. O cálcio pode modular o TP mitocondrial e a morte celular. Os níveis celulares de cálcio também estão envolvidos na ativação do oncogene. Os níveis de magnésio na célula podem regular a glicosilação e o processamento de proteínas modulando o corpo de Golgi e a função lisossomal. Os níveis pré-sinápticos de cálcio podem regular a transmissão sináptica, bem como a liberação de neurotransmissores na sinapse. Os níveis celulares de cálcio podem ativar o NFKB produzindo a ativação imunológica. Os níveis de magnésio e cálcio podem modular a função mitocondrial e o metabolismo. 3

Há depleção de magnésio do sistema e acúmulo de cálcio que pode predispor a malignidade, doença imunológica, degenerações, esquizofrenia e síndrome metabólica X. [3] O aumento do cálcio intracelular pode abrir o TP mitocondrial produzindo uma disfunção mitocondrial. A deficiência de magnésio pode produzir um defeito mitocondrial ATP sintetase. A abertura do TP mitocondrial produz desregulação volêmica da mitocôndria, hiperosmolaridade e expansão do espaço da matriz mitocondrial produzindo ruptura da membrana externa. Isto leva à liberação do citocromo C no citoplasma, ativando a cascata da caspase e morte celular. Disfunção mitocondrial e apoptose relacionada, bem como geração de radicais livres, têm sido relacionadas à degeneração neuronal. A diminuição do magnésio intracelular pode levar a uma síntese glicoconjugada alterada e a uma disfunção do processamento de proteínas. A disfunção corporal do Golgi, assim como o estresse das ER, tem sido relacionada à degeneração neuronal. Glicoconjugados alterados da superfície celular podem levar a inibição de contato defeituoso e oncogênese. Isto também pode produzir conectividade sináptica desordenada e distúrbios neuropsiquiátricos funcionais. Os glicoconjugados alterados podem levar ao antígeno MHC defeituoso, apresentando caminho e doenças auto-imunes. Uma apresentação defeituosa dos antígenos virais pode levar a evasão imunológica pelo vírus e persistência viral, como na AIDS. O aumento do cálcio intracelular pode ativar o oncogene RAS ao produzir inibição da GTPase e defeitos de fosforilação relacionados à deficiência de magnésio podem inativar os genes supressores do tumor. Ambos podem contribuir para a oncogénese. O aumento do cálcio dentro do neurônio pré-sináptico pode levar ao aumento da liberação de glutamato na sinapse e o aumento do cálcio neuronal pós-sináptico pode aumentar a transdução do sinal NMDA. A transdução do sinal NMDA modula o circuito reverberatório tálamo-cortico-talâmico, importante na percepção consciente e esquizofrenia. O aumento da transdução do sinal NMDA pode contribuir para epilepsia e degenerações dos sistemas neuronais. Um aumento no cálcio neuronal pré-sináptico pode promover ações de receptores dopaminérgicos contribuindo para o estado hiperdopaminérgico observado na esquizofrenia. Uma diminuição do magnésio intracelular pode bloquear a reação de fosforilação envolvida na atividade receptora da proteína tirosina quinase levando à resistência à insulina e à síndrome X. Um aumento do cálcio intracelular pode ativar a transdução de sinal NFKB produzindo ativação imune e doença auto-imune. A ativação imunológica também tem sido relacionada à síndrome X, degenerações, transformações malignas e doenças psiquiátricas.

Uma disfunção dos poros das mitocôndrias relacionada com o excesso de cálcio pode gerar radicais livres. Os radicais livres podem produzir apoptose, activação imunitária, resistência à insulina e actividade NMDA. Os radicais livres podem ativar o NFKB produzindo ativação imunológica e doença auto-imune. Os radicais livres podem activar o receptor NMDA modulando a percepção consciente e levando à esquizofrenia. Os radicais livres podem produzir disfunções mitocondriais e morte celular. Os radicais livres podem ativar a ativação HIF alfa e oncogene produzindo transformação maligna. Os radicais livres podem produzir resistência insulínica e síndrome metabólica X.

Uma biosfera sombra de actinídea arcaica tem sido descrita em degenerações, malignidade, síndrome metabólica X, distúrbios psiquiátricos e doenças imunológicas. A arcaea transmuta magnésio em cálcio para fins de mineralização biológica. A arcaea pode existir como nanoarréia que pode ser calcificada para formar formas nanoarcais calcificadas. As partículas de nanoarqueia calcificadas podem induzir a NFKB. Isto pode produzir um estado de activação imunitária sistémica. Isto activa a cascata AKT PI3 induzindo o fenótipo de Warburg com glicólise anaeróbica que é a base da maioria das doenças humanas. O aumento do PT mitocondrial hexoquinase do poro mitocondrial pode produzir proliferação celular. As células malignas dependem da glicólise para as suas necessidades energéticas. O fenótipo de Warburg pode produzir transformações malignas. Os linfócitos dependem da glicólise para as suas necessidades energéticas. O aumento da glicólise pode levar à activação imunitária. A enzima glicolítica gliceraldeído 3-fosfato desidrogenase medeia a morte das células nucleares. A glicólise gerada pelo NADPH ativa a enzima NOX importante na função do receptor de insulina e na atividade do NMDA. Assim, a criação do fenótipo Warburg pode produzir malignidade, doença imunológica, degenerações, esquizofrenia e síndrome metabólica X.

Assim, a geração de radicais livres relacionados com a transmutação e as relações cálcio e magnésio alteradas na célula podem alterar a transmissão sináptica, a função mitocondrial, a função do corpo/ER de Golgi, a função lisossomal, a activação imunitária, a proliferação celular, a resistência à insulina e a morte celular. A transmutação biológica relacionada com a artéria actinídea é um importante mecanismo regulador da célula cuja disfunção pode produzir regulação neuro-imuno-endócrina alterada. Isto pode levar a doenças humanas. A transmutação biológica dá à artéria actinídea energia para sobreviver e gera cálcio para a sua mineralização biológica.

Referências

1. Kervran, L. (1972). *Transmutação Biológica*. Nova Iorque: Swan House Publishing Co.

2. Kurup, R.K. , Kurup, P.A. (2002). Detecção de lítio endógeno em distúrbios neuropsiquiátricos - um modelo para transmutação biológica. *Hum Psychopharmacol,* 17(1), 29-33.

3. Kurup R.K, Kurup, P.A. (2009). *Digoxina hipotalâmica, dominância cerebral e função cerebral em saúde e doenças*. Nova Iorque: Nova Science Publishers.

CAPÍTULO 9

O CÉREBRO HUMANO E A EVOLUÇÃO, EXTINÇÃO E REPRODUÇÃO DO UNIVERSO - NUVEM VIROIDEAL ARQUEAL E RNA NO ESPAÇO INTERESTELAR E EVOLUÇÃO HUMANA

Introdução

O espaço interestelar é preenchido com poeira estelar que é postulada como sendo de origem biológica. Fred Hoyle na sua hipótese da nuvem da vida apresentou uma origem extraterrestre para a vida na Terra. A existência de uma força extraterrestre que controla a gênese e a evolução da vida na Terra foi apresentada por muitos autores. A teoria do biocosmo postula que as condições no universo foram tão ajustadas para tornar possível a existência da vida na Terra e no universo. Isto leva ao postulado de que o universo existe e se reproduz por causa da vida que age como um observador quântico. Este artigo trata do papel dos viroides extremófilos e do RNA extrudidos das células arqueológicas como observadores antropomórficos primitivos, tornando possível que o universo exista e evolua. A raça humana está dividida em duas espécies homo sapiens e homo neanderthalis. O homo neanderthalis é cruzado com o homo sapiens para produzir uma espécie híbrida. Portanto, há espécies de origem mais neandertálica e espécies homo sapiens na Terra. Os estudos anteriores demonstraram sociedades matrilineares com mais de origem neandertálica em contraste com as sociedades patrilineares. A origem das sociedades neandertais e das comunidades homo sapiens foi atribuída à simbiose. A espécie Neandertal tem mais simbiose de arquétipos extremófilos que ocorrem nos extremos do clima, como a era do gelo e o aquecimento global. A espécie homo sapien tem mais simbiose intragenómica de RNA viróide/retroviral que contribuem para a dinâmica do genoma homo sapien. As espécies de Neandertal eram resistentes aos retrovirais. A origem do arquebactérias e os viroides de RNA são possivelmente do espaço interestelar como nuvens arqueológicas e nuvens de computação quântica do RNA viroideal que funcionam como inteligência extraterrestre. Os viroides de RNA são extrudidos pelas células do arquebactéria. Eles teriam alcançado a terra através de impactos meteoroidais e semeado vida na terra. As colônias arqueológicas teriam se organizado em espécies homo neandertais na Eurásia e as colônias viroidais de RNA teriam levado à evolução das espécies homo sapiens na África. [1-16] O artigo trata desta hipótese.

Materiais e Métodos/ Resultados

As amostras de sangue foram colhidas das espécies matrilineares homo neandertais e homo sapien. As estimativas feitas nas amostras de sangue coletadas incluem a atividade do citocromo F420. Foi estudada a geração de viroides de RNA no plasma. Os resultados mostraram que as espécies matrilineares de origem neandertálica tinham mais simbiose arqueal enquanto as espécies homo sapiens tinham mais simbiose viroideal de RNA.

Tabela 1. Atividade do citocromo F420

		Sudra	Não-Sudra	Valor F	Valor P
CYT F420 % (Aumento com Cerium)	Média	23.46	4.48	306.749	< 0.001
	± SD	1.87	0.15		
ARN % mudança (Aumento com Rutilo)	Média	4.37	23.59	427.828	< 0.001
	± SD	0.13	1.83		
ARN % mudança (Diminua com Doxy)	Média	18.38	65.69	654.453	< 0.001
	± SD	0.48	3.94		

Discussão

A forma de onda quântica ou o campo Higgs dá massa e energia às partículas como prótons, nêutrons e elétrons quando interage com ela. As formas de ondas quânticas podem gerar porfirinas. As porfirinas podem ter uma existência macromolecular e de onda que é interconvertível. As matrizes de porfirinas podem se auto-organizar e se reproduzir. As matrizes de porfirinas macromoleculares teriam funcionado como organismos inteligentes no espaço interestelar. As porfirinas de ferro podem sofrer fotooxidação e gerar um campo magnético. A interação fotônica com as porfirinas magnéticas pode gerar buracos negros que podem colapsar até um ponto antes da densidade singular. Neste momento, pode sofrer rebaixamento produzindo novos universos. O organismo da porfirina com sua função quântica de computação serviu como observador antropomórfico inicial ou o lótus de Brahma. As porfirinas teriam formado um modelo para a formação de viroides e priões de RNA. Isto teria gerado formas arqueológicas primitivas. A célula arqueal primitiva pode extruir os viroides de RNA gerando nuvens viroidais de RNA. O campo magnético intergaláctico gerado pelo organismo arquebactéria e porfirina magnética teria contribuído para a evolução dos sistemas estelares e galáxias. As nuvens arqueais e as nuvens viroidais de RNA teriam servido como inteligência interestelar guiando a formação de sistemas estelares e galáxias e funcionando também como observadores antropomórficos. Os impactos meteóricos teriam transferido as colônias viroidais arqueológicas e de RNA para a Terra. Eles teriam se organizado em espécies vegetais e animais, assim como homo sapien e homo neanderthalic. As espécies homo neandertálicas são dominantes nos arquipélagos. As espécies homo sapiens são dominantes no RNA viroidal. [1-16]

A cosmologia do big-bang postula a evolução do universo a partir do campo de Higgs. O campo de Higgs é composto por Higgs Boson e quarks superiores. Higgs Boson pode existir em dois estados. O estado estável que é de alta energia, baixa densidade compatível com a existência actual do universo e o estado instável que é de baixa energia e alta densidade. O universo está presentemente no limite do estado estável. O estado de baixa energia de alta densidade é instável e pode causar uma expansão catastrófica do vácuo que leva ao fim do Universo. O modelo Frohlich da função cerebral quântica postula a existência de condensados de Bose-Einstein no cérebro à temperatura normal. Existem moléculas dipolares de magnetita e porfirina no cérebro que, no contexto da inibição da ATPase de sódio potássico de membrana, podem levar a um sistema de fones bombeados produzindo condensado de Bose-Einstein e bósons no cérebro. Este bóson pode tornar-se instável levando a um colapso catastrófico do vácuo e à possível extinção do universo. O modelo Frohlich de condensado de Bose-Einstein formado de porfirinas magnéticas dipolares e magnetita arqueal em emulsões lipídicas celulares pode interagir com fótons gerando buracos negros. Este buraco negro pode colapsar até à singularidade. Mas o colapso acontece apenas até um ponto particular, após o qual a densidade ou singularidade sofre um ressalto produzindo um novo universo com um novo conjunto de constantes universais. Assim, o modelo quântico da função cerebral pode levar à destruição e reprodução dos universos. O cérebro pode ser considerado como uma rede quântica multicelular no caso do homo neanderthalis. As redes sinápticas do cérebro paralelas às redes galácticas do universo. O cérebro funciona como o computador quântico universal e observador antropomórfico, criando e destruindo, bem como reproduzindo universos. Isto ocorre em menor grau no cérebro homo sapiense. [1-16]

A espécie homo neanderthalis se relacionaria com os anjos caídos bíblicos e a espécie homo sapien representando o anjo de Deus. Eles são basicamente visitas de inteligência extraterrestre como colônias viroidais arqueológicas e de RNA. O homo neanderthalis é uma rede de colônias arqueológicas evoluídas. O arquebactérias expulsa os viroides de RNA. A espécie homo sapien é viroideal de RNA dominante com viroides de RNA integrados no DNA genómico. A organização da raça e sistema de castas na Índia aponta para tal origem. A espécie homo neanderthalic teve uma habitação inicial no continente do Oceano Índico que teve uma extinção catastrófica pela expansão arqueal na crosta oceânica que gerou tsunamis perigosos durante a idade do gelo. Os Neandertais migraram para a massa terrestre eurasiática criando a civilização de Harappa, Suméria e Egito. Eles são as Asuras de Rig veda. As espécies homo neandertais são justas, matrilineares, assexuais, espirituais, altruístas e organizadas em comunidade. Estas civilizações eram basicamente matrilineares e criativas. Eram pagãs, seculares e ateístas. Eram ambientalmente conscientes, vivendo em interação quântica com o mundo ao redor, criando um sentimento de consciência espiritual ambiental. A sociedade formada nesta base funcionava como um todo orgânico em interação quântica uns com os outros. Era igual, justa e funcionava como uma forma primitiva de sociedade socialista. A espécie homo neanderthalis era essencialmente assexuada com a igualdade de gênero e matrilinearidade. O sobrecrescimento arqueológico resultante do aquecimento global pode levar a uma eventual neandertalização da espécie humana e do cérebro. O córtex neuronal cerebral encolhe devido à percepção quântica dos campos eletromagnéticos que poluem o mundo quente globalizado. Há também uma hipertrofia cerebelar conseqüente. A hipertrofia cerebelar pode levar à esquizofrenia e modos de comportamento autistas. A hipertrofia cerebelar pode levar à disfunção cerebelar e à ataxia motora. A ataxia motora e a desajeitação do movimento e da fala teriam levado à evolução da pintura abstrata, dança, música, fala simbólica e eventualmente da fala nos Neandertais. A neandertalização do cérebro humano em consequência do aquecimento global leva à evolução da música rock, dança e formas modernas de pintura abstracta. O cérebro neandertal devido ao aumento da percepção quântica mediada por magnetita é mais espiritual. A comunidade Neandertal, devido à percepção quântica, funciona como um único todo, levando ao altruísmo, espiritualidade, socialismo, igualdade de gênero e eco-espiritualidade. Isto representa o modo civilizacional do mundo oriental. As sociedades surgiram a partir da possível massa terrestre lemuriana. À medida que evoluíam de colônias arqueológicas extraterrestres e de inteligência, seu nível de desenvolvimento e inteligência era alto. Possuíram a língua original e o conceito de uma deus-head humana foi desenvolvido primeiramente em sua civilização. O Rig veda é o mais antigo livro espiritual da humanidade. A maioria dos deuses descritos no Rig veda eram de origem asúrica, até mesmo Varuna, o Deus principal. As principais entidades filosóficas do budismo e do jainismo que são basicamente religiões ateístas pregando a igualdade social, a unicidade e a justiça foram desenvolvidas pelas Asuras. O homo sapiens evoluiu na África e migrou para a massa terrestre eurasiática. Eles tinham basicamente uma simbiose viroideal de RNA no cérebro que deu origem a um cérebro prático menos criativo. As espécies de homo sapiens são patrilineares, comensoriais e individualistas. A comunidade homo sapien forma os Devas da literatura védica e a Rig veda descreve confrontos e guerras entre os habitantes asuricos de Harappa e os Devas invasores. Eles dominaram as civilizações neandertais e criaram uma sociedade racial com os homo sapiens como a classe dominante e os neandertais como a casta sub casta dos Sudras. Os Sudras formaram o subconsciente discriminado da civilização. A literatura, a linguagem e os livros sagrados das Asuras foram assumidos pelos incivilizados Devas homo sapiénicos, que os transformaram em seus. As futuras gerações de Sudras foram impedidas de aprender a sua língua e adorar os seus deuses que foram tomados pelos Devas homo sapiénicos. Os Devas homo sapiénicos eram teístas, individualistas, pouco altruístas e não tinham consciência comunal ou social. Isto significa o modo civilizacional do mundo ocidental. O crescimento arqueológico no homo sapiens é menor. Isto leva a menos percepção quântica mediada por magnetita e à unicidade universal. Isto contribui para a individualidade, o egoísmo, o comportamento antitruísta, o capitalismo desenfreado e a sociedade patriarcal desigual de gênero do mundo homo sapiens. [1-16]

A sociedade homo neanderthalic devido ao aumento da percepção quântica é espiritual e sente a unicidade do mundo e a piedade de cada ser humano. Isto leva à filosofia do Budismo com seu senso de ateísmo e valores humanos. Budismo e Jainismo, assim como o Império Mauríaco, representam a vitória para os asuricos Neandertais ou Sudras. A sociedade budista e hindu do mundo neandertalista considerada boa e má como parte do mesmo mundo quântico representando a alma universal. A divindade e o anjo caído pertencem ao mesmo mundo quântico da alma universal. O conceito de certo e errado não são contra-indicações absolutas, mas parte do mesmo mundo quântico. A percepção quântica produz o armazenamento de informação após a mortalidade e a idéia de reencarnação. O aumento do mundo da percepção quântica mediada pela unicidade e o crescimento excessivo do colesterol catabolizante dos arquebactérias, levando à deficiência do hormônio sexual, produz um mundo assexuado de gênero igual ao sexual. A sexualidade não é considerada como algo separado da religião, como evidenciado pelas escolas tântricas do Hinduísmo e do Budismo. Ela foi considerada como uma forma de experimentar a unicidade, como indicado por idéias como a Kundalini. O aumento da percepção quântica leva a um sentimento de unicidade que produz unidade universal. Não há guerra, mas paz universal. As sociedades orientais como a China e a Índia são basicamente sociedades quânticas dóceis, sendo a guerra pouco comum. As guerras principais na história hindu como a guerra Mahabharata e

Ramayana foram aquelas entre o homo sapien Devas colonizador e o Neanderthals pacífico nativo. O exército Pandava era o homo sapien Devas e o exército Kaurava o neanderthalic nativos. O Deus Rama era o chefe do homo sapien Devas e o Ravana o líder dos nativos Neandertais. Os Devas eram os chefes dos homo sapiens colonizadores da Europa. Eles podiam vencer as guerras Mahabharata e Ramayana e a população nativa neandertálica do sudeste foi transformada em escravidão para as gerações vindouras. A luta pela independência e a atitude de Gandhi para com a casta inferior e os harijans faziam parte dos mesmos fenômenos. O mundo homo sapien, por outro lado, devido à redução da percepção quântica, era individualista. O bem e o mal eram absolutamente diferentes como o deus e o anjo caído. Não havia crença na reencarnação e a sexualidade era considerada como tabu. A sociedade homo sapien devido à sua reduzida percepção quântica e natureza individualista descobriu as guerras e a escravidão. As guerras são essencialmente uma característica das sociedades e da religião semíticas. O homo sapien Devas é capitalista e de direita em sua atitude para com a sociedade enquanto o homo neanderthalis é comunista e socialista. A guerra entre capitalismo e socialismo é representativa da guerra entre os Neandertais e o homo sapiens. O fenômeno do aquecimento global, o sobrecrescimento arqueológico e a neandertização do homo sapiens conduzirá a uma sociedade mais pacífica, globalizada, espiritual, igualitária em termos de gênero e altruísta. Mas o domínio do Neandertal resultante do aquecimento global pode levar ao desaparecimento da própria sociedade. [1-16]

Os fenómenos das alterações climáticas e do aquecimento global conduzem à multiplicação arqueológica e à neandertalização da raça humana. O crescimento arqueológico ocorre em extremos do clima - a idade do gelo e em tempos de aquecimento global. Isto resulta num regresso à cultura e civilização asurica com a sua identidade espiritual, ambiental, socialista, assexuada e de grupo. O mundo moderno é representado pelo Kali yuga, onde os Sudras ou os Neandertais retornam a uma posição de poder e significado global. Isto representa a ascensão dos escravos do sudeste asurico neandertálico. Isto é representado pela ascensão das sociedades neandertais orientais da China e da Índia, bem como pelo declínio do homo sapien ocidental e da África. A neanderthalisation do homo sapiens devido ao crescimento archaeal pode conduzir à doença humana e à extinção eventual. O arquebactérias cataboliza o colesterol para gerar a digoxina. A digoxina funciona como a hormona neandertálica. A digoxina produz inibição da ATPase sódica de membrana e aumento do cálcio intracelular e redução do magnésio. A deficiência de magnésio leva à disfunção mitocondrial, vasoespasmo, dislipidemia e síndrome metabólica X. O aumento do cálcio intracelular leva à ativação oncogénica e a neoplasias malignas. O aumento do cálcio intracelular pode activar a NFKB levando à activação imunitária e à doença auto-imune. O aumento do cálcio intracelular pode activar a cascata da caspase levando à morte celular e degenerações. O aumento do cálcio intracelular pode aumentar a liberação sináptica de neurotransmissores monoamínicos produzindo esquizofrenia e autismo. O aumento do crescimento arqueal pode produzir o fenótipo Warburg com aumento da glicólise e disfunção mitocondrial. O aumento da glicólise pode activar os linfócitos que produzem a doença auto-imune, uma vez que os linfócitos são dependentes da glicólise para as necessidades energéticas. As células cancerígenas também dependem da glicólise para as necessidades energéticas. O fenótipo de Warburg pode levar a um aumento das neoplasias malignas. O fenótipo de Warburg e o aumento da glicólise podem levar à morte e degeneração das células mediadas por polifosfato de 3-fosfato desidrogenase ribossilado. O fenótipo de Warburg pode levar a uma deficiência de magnésio relacionada com a resistência insulínica e disfunção mitocondrial, levando à esquizofrenia. Assim, a hiperdigoxinemia e o fenótipo de Warburg mediados pelo Arqueal podem levar a doenças civilizacionais no fenótipo do Neanderthal, levando à sua extinção. O sobrecrescimento arqueológico na crosta oceânica devido ao aquecimento global pode levar à liberação de grandes quantidades de metano produzindo terremotos oceânicos, tsunamis e destruição e divisão de continentes. Isto leva ao catastrófico fim do mundo. Como também a porfirina arqueal e a magnetite mediada pelo modelo Frohlich de condensados de Bose-Einstein no cérebro gerado pelos bósons pode sofrer uma catastrófica decomposição a vácuo, levando à extinção universal. As porfirinas magnéticas dipolares e a magnetite na emulsão lipídica das células cerebrais podem ser fotonicamente excitadas gerando buracos negros. Esses buracos negros não atingem a singularidade absoluta, mas perto desse ponto podem sofrer um fenômeno chamado rebounce reproduzindo o universo. Assim, a neandertalização do cérebro humano e a geração de condensado de Bose-Einstein do modelo Frohlich pode levar à extinção e reprodução do Universo. [1-16]

Referências

1. Weaver TD, Hublin JJ. Neandertal Birth Canal Shape and the Evolution of Human Childbirth (Forma do Canal Neandertal e a Evolução do Parto Humano). *Proc. Natl. Acad. Sci. USA* 2009; 106:8151-8156.

2. Kurup RA, Kurup PA. Fenótipo Actinídico Arqueológico Endosibiótico Mediado de Warburg Mediado do Estado da Doença Humana. *Advances in Natural Science* 2012; 5(1):81-84.

3. Morgan E. TheNeanderthaltheory ofautism,Asperger and ADHD; 2007, www.rdos.net/eng/asperger.htm.

4. Graves P. Novos Modelos e Metáforas para o Debate do Neandertal. *Antropologia Atual* 1991; **32(5): 513-541.**

5. Sawyer GJ, Maley B. Neanderthal Reconstruída. *The Anatomical Record Part B: The New Anatomist* 2005; 283B(1):23-31.

6. Bastir M, O'Higgins P, Rosas A. Facial Ontogeny in Neanderthals and Modern Humans. *Proc. Biol. Sci.* 2007; 274:1125-1132.

7. Neubauer S, Gunz P, Hublin JJ. Mudanças na Forma Endocraniana durante o Crescimento em Chimpanzés e Humanos: Uma Análise Morfométrica de Aspectos Únicos e Compartilhados. *J. Hum. Evol.* 2010; 59:555-566.

8. Courchesne E, Pierce K. Brain Overgrowth in Autism during a Critical Time in Development: Implicações para o Desenvolvimento e Conectividade do Neurónio Piramidal Frontal e Interneuronal. *Int. J. Dev. Neurosci.* 2005; 23:153–170.

9. Green RE, Krause J, Briggs AW, Maricic T, Stenzel U, Kircher M, Patterson N, Li H, Zhai W, *et al.* A Draft Sequence of the Neandertal Genome. *Science* 2010; 328:710-722.

10. Mithen SJ. *The Singing Neanderthals: The Origins of Music, Language, Mind and Body*; 2005, ISBN 0-297-64317-7.

11. Bruner E, Manzi G, Arsuaga JL. Encefalização e Trajetórias Alométricas no Homo Gênero: Evidências das Linhagens Neandertal e Moderna. *Proc. Natl. Acad. Sci. USA* 2003; 100:15335-15340.

12. Gooch S. *The Dream Culture of the Neanderthals: Os Guardiões da Sabedoria Antiga.* Inner Traditions, Wildwood House, Londres; 2006.

13. Gooch S. *The Neanderthal Legacy: Reawakening Our Genetic and Cultural Origins (Despertar as Nossas Origens Genéticas e Culturais).* Inner Traditions, Wildwood House, Londres; 2008.

14. Kurtén B. *Den Svarta Tigern*, Editora ALBA, Estocolmo, Suécia; 1978.

15. Spikins P. Autismo, as Integrações da 'Diferença' e as Origens do Comportamento Humano Moderno. *Cambridge Archaeological Journal* 2009; 19(2):179-201.

16. Eswaran V, Harpending H, Rogers AR. Genomics Refute an Exclusively African Origin of Humans. *Journal of Human Evolution* 2005; 49(1):1-18.

CAPÍTULO 10

CIVILIZAÇÃO QUÂNTICA - O CÉREBRO HUMANO E A EVOLUÇÃO, EXTINÇÃO E REPRODUÇÃO DO UNIVERSO - O UNIVERSO COMO UMA CRIAÇÃO DA MENTE

Introdução

As porfirinas são anéis de tetrapyrolle que se auto-organizam e se podem auto-replicar. As matrizes de porfirinas que podem funcionar como um organismo supramolecular as características auto-replicativas. As matrizes de porfirina podem formar modelos sobre os quais outras matrizes de porfirina podem se formar. Tais matrizes de porfirinas supramoleculares auto-replicativas podem ser chamadas de porfirions. O stress do aquecimento global converte o corpo em uma colônia ou rede de porfírios. As porfirinas têm a existência de partículas de ondas macroscópicas. As porfirinas também têm propriedades magnéticas por causa do centro de ferro. As matrizes de porfirinas podem existir como matrizes de ondas quânticas como parte da forma quântica, funcionando como computadores quânticos capazes de armazenar informação e auto-replicação. Esta pode ser uma forma de vida quântica. A consciência humana depende de três fatores: sincronização perceptual, atenção focalizada e memória de trabalho. Ondas gravitacionais poderiam formar a base da consciência. Da mesma forma, o inconsciente humano pode ser estruturado pela antigravidade. Os porfírios desempenham um papel na consciência e na criação do universo.

O aquecimento global resulta na canalização do metabolismo para a síntese da porfirina por indução da atividade HO1. O corpo humano é convertido em uma colônia de porfírios que têm uma existência de partículas de onda. O corpo humano na sua encarnação porfirina, especialmente na sua forma de onda, pode desaparecer da existência. As populações humanas por este mecanismo podem ser convertidas numa civilização no mundo quântico e viver em múltiplos universos paralelos para a eternidade. A forma de onda quântica dos porfírios pelo mecanismo de observação por gravitões dos campos gravitacionais conscientes pode entrar na existência macroscópica. As porfirinas podem formar um modelo no qual o organismo isoprenoidal, os viroides de RNA, os viroides de DNA e os priões podem se formar. Eles podem se organizar para formar nanoarqueia e mais tarde eucariotas, procariotas, organismos multicelulares que levam até os primatas e humanos. Isto forma a base da origem da catabolização do colesterol dependente de actinídeos endosymbiotic em humanos. A civilização humana pode surgir do nada do nada da espuma quântica das ondas gravitacionais que medeiam a consciência e desaparecer no nada.

O cérebro humano pode ser considerado como uma rede de colónias de arcaeas modificadas. Os arcaeões são eternos e podem durar bilhões de anos. O cérebro humano é basicamente um sistema de armazenamento de informação. O arcaeaon tem magnetita dipolar e porfirinas e pode funcionar como um computador quântico. A colônia arqueal com sua magnetita dipolar e porfirina no ajuste da membrana induzida pela digoxina arqueal do potássio de sódio ATPase inibição pode funcionar como um sistema de fóton bombeado mediando a percepção quântica. A arcaeaon no cérebro é capaz de armazenar informações em um ponto no tempo e no espaço. As experiências e informações armazenadas na arcaeaon são imortais e eternas. O arcaeaon pode ter uma existência de partículas de onda e pode existir em múltiplos estados quânticos possíveis e pode habitar múltiplos multiverses quânticos. A interação entre a informação armazenada em computadores quânticos em múltiplos sistemas quânticos diferentes em todo o universo pelas interações quânticas resulta na eterna existência de informação em multiverses quânticos. A informação nos multiverses quânticos pode ter uma existência de partículas criando um modo mais novo pelas interações quânticas entre a informação armazenada em múltiplos pontos do tempo. Isto cria o mundo mítico das partículas da existência humana. Estes são os chamados como Samsaras. A mente é carregada em informação na rede de colônias neuronais arqueológicas e seus computadores quânticos. A informação armazenada na rede de colônias arqueológicas mediada pelo estado quântico é eterna e pode ser considerada como uma versão digital do cérebro, uma técnica de download da mente ou uma emulação cerebral inteira. A rede de colônias arqueológicas armazena as experiências humanas de uma forma eterna e pode contribuir para a reencarnação biológica.

O espaço interestelar é preenchido com poeira estelar que é postulada como sendo de origem biológica. Fred Hoyle na sua hipótese da nuvem da vida apresentou uma origem extraterrestre para a vida na Terra. A existência de uma força extraterrestre que controla a gênese e a evolução da vida na Terra foi apresentada por muitos autores. A teoria do biocosmo postula que as condições no universo foram tão ajustadas para tornar possível a existência da vida na Terra e no universo. Isto leva ao postulado de que o universo existe e se reproduz por causa da vida que age como um observador quântico. Este artigo trata do papel dos viroides extremófilos e do RNA extrudidos das células arqueológicas como observadores antropomórficos primitivos, tornando possível que o universo exista e evolua. A raça humana está dividida em duas espécies homo sapiens e homo neanderthalis. O homo neanderthalis é cruzado com o homo sapiens para produzir uma espécie híbrida. Portanto, há espécies de origem mais neandertálica e espécies homo sapiens na Terra. Os estudos anteriores demonstraram sociedades matrilineares com mais de origem neandertálica em contraste com as sociedades patrilineares. A origem das sociedades neandertais e das comunidades homo sapiens foi atribuída à simbiose. A espécie Neandertal tem mais simbiose de arquétipos extremófilos que ocorrem nos extremos do clima, como a era do gelo e o aquecimento global. A espécie homo sapien tem mais simbiose intragenómica de RNA viróide/retroviral que contribuem para a dinâmica do genoma homo sapien. As espécies de Neandertal eram resistentes aos retrovirais. A origem do arquebactérias e os viroides de RNA são possivelmente do espaço interestelar como nuvens arqueológicas e nuvens de computação quântica do RNA viroideal que funcionam como inteligência extra terrestre. Os viroides de RNA são extrudidos pelas células do arquebactéria. Eles teriam alcançado a Terra através de impactos meteoroidais e vida semeada na Terra. As colônias arqueológicas teriam se organizado em espécies homo neandertais na Eurásia e as colônias viroidais de RNA teriam levado à evolução das espécies homo sapiens na África. [1-16] O artigo trata desta hipótese.

Materiais e Métodos/ Resultados

As amostras de sangue foram colhidas das espécies matrilineares homo neandertais e homo sapien. As estimativas feitas nas amostras de sangue coletadas incluem a atividade do citocromo F420. Foi estudada a geração de viroides de RNA no plasma. Os resultados mostraram que as espécies matrilineares de origem neandertálica tinham mais simbiose arqueal enquanto as espécies homo sapiens tinham mais simbiose viroideal de RNA.

Tabela 1. Atividade do citocromo F420

		Sudra	Não-Sudra	Valor F	Valor P
CYT F420 % (Aumento com Cerium)	Média	23.46	4.48	306.749	< 0.001
	± SD	1.87	0.15		
ARN % mudança (Aumento com Rutilo)	Média	4.37	23.59	427.828	< 0.001
	± SD	0.13	1.83		
ARN % mudança (Diminua com Doxy)	Média	18.38	65.69	654.453	< 0.001
	± SD	0.48	3.94		

Discussão

A forma de onda quântica ou o campo Higgs dá massa e energia às partículas como prótons, nêutrons e elétrons quando interage com ela. As formas de ondas quânticas podem gerar porfirinas. As porfirinas podem ter uma existência macromolecular e de onda que é interconvertível. As matrizes de porfirinas podem organizar-se e auto-reproduzir-se. As matrizes de porfirinas macromoleculares teriam funcionado como organismos inteligentes no espaço interestelar. As porfirinas de ferro podem sofrer fotooxidação e gerar um campo magnético. A interação fotônica com as porfirinas magnéticas pode gerar buracos negros que podem colapsar até um ponto antes da densidade singular. Neste momento, pode sofrer rebaixamento produzindo novos universos. O organismo da porfirina com sua função quântica de computação serviu como observador antropomórfico inicial ou o lótus de Brahma. As porfirinas teriam formado um modelo para a formação de viroides e priões de RNA. Isto teria gerado formas arqueológicas primitivas. A célula arqueal primitiva pode extruir os viroides de RNA gerando nuvens viroidais de RNA. O campo magnético intergaláctico gerado pelo organismo arquebactéria e porfirina magnética teria contribuído para a evolução dos sistemas estelares e galáxias. As nuvens arqueais e as nuvens viroidais de RNA teriam servido como inteligência interestelar guiando a formação de sistemas estelares e galáxias e funcionando também como observadores antropomórficos. Os impactos meteóricos teriam transferido as colônias viroidais arqueológicas e de RNA para a Terra. Eles teriam se organizado em espécies vegetais e animais, assim como homo sapien e homo neanderthalic. As espécies homo neandertálicas são dominantes no arquipélago. As espécies homo sapiens são dominantes no RNA viroidiano. [1-16]

A cosmologia do big-bang postula a evolução do universo a partir do campo de Higgs. O campo de Higgs é composto por Higgs Boson e quarks superiores. Higgs Boson pode existir em dois estados. O estado estável que é de alta energia, baixa densidade compatível com a existência actual do universo e o estado instável que é de baixa energia e alta densidade. O universo está presentemente no limite do estado estável. O estado de baixa energia de alta densidade é instável e pode causar uma expansão catastrófica do vácuo que leva ao fim do Universo. O modelo Frohlich da função cerebral quântica postula a existência de condensados de Bose-Einstein no cérebro à temperatura normal. Existem moléculas dipolares de magnetita e porfirina no cérebro que, no contexto da inibição da ATPase de sódio potássico de membrana, podem levar a um sistema de fones bombeados produzindo condensado de Bose-Einstein e bósons no cérebro. Este bóson pode tornar-se instável levando a um colapso catastrófico do vácuo e à possível extinção do universo. O modelo Frohlich de condensado de Bose-Einstein formado de porfirinas magnéticas dipolares e magnetita arqueal em emulsões lipídicas celulares pode interagir com fótons gerando buracos negros. Este buraco negro pode colapsar até à singularidade. Mas o colapso acontece apenas até um ponto particular, após o qual a densidade ou singularidade sofre um ressalto produzindo um novo universo com um novo conjunto de constantes universais. Assim, o modelo quântico da função cerebral pode levar à destruição e reprodução dos universos. O cérebro pode ser considerado como uma rede quântica multicelular no caso do homo neanderthalis. As redes sinápticas do cérebro paralelas às redes galácticas do universo. O cérebro funciona como o computador quântico universal e observador antropomórfico, criando e destruindo, bem como reproduzindo universos. Isto ocorre em menor grau no cérebro homo sapiense. [1-16]

A espécie homo neanderthalis se relacionaria com os anjos caídos bíblicos e a espécie homo sapien representando o anjo de Deus. Eles são basicamente visitas de inteligência extra terrestre como colônias viroidais arqueológicas e de RNA. O homo neanderthalis é uma rede de colônias arqueológicas evoluídas. O arquebactérias expulsa os viroides de RNA. A espécie homo sapien é viroideal de RNA dominante com viroides de RNA integrados no DNA genômico. A organização da raça e sistema de castas na Índia aponta para tal origem. A espécie homo neanderthalic teve uma habitação inicial no continente do oceano indiano que teve uma extinção catastrófica pela expansão arqueal na crosta oceânica que gerou tsunamis perigosos durante a idade do gelo. Os Neandertais migraram para a massa terrestre eurasiática criando a civilização de Harappa, Suméria e Egito. Eles são as Asuras de Rig veda. As espécies homo neandertais são justas, matrilineares, assexuais, espirituais, altruístas e organizadas em comunidade. Estas civilizações eram basicamente matrilineares e criativas. Eram pagãs, seculares e ateístas. Eram ambientalmente conscientes, vivendo em interação quântica com o mundo ao redor, criando um sentimento de consciência espiritual ambiental. A sociedade formada sobre esta base funcionava como um todo orgânico em interação quântica uns com os outros. Era igual, justa e funcionava como uma forma primitiva de sociedade socialista. A espécie homo neanderthalis era essencialmente assexuada com a igualdade de gênero e matrilinearidade. O sobrecrescimento arqueológico resultante do aquecimento global pode levar a uma eventual neandertalização da espécie humana e do cérebro. O córtex neuronal cerebral encolhe devido à percepção quântica dos campos eletromagnéticos que poluem o mundo quente globalizado. Há também uma hipertrofia cerebelar conseqüente. A hipertrofia cerebelar pode levar à esquizofrenia e a modos de comportamento autistas. A hipertrofia cerebelar pode levar à disfunção cerebelar e à ataxia motora. A ataxia motora e a desajeitação do movimento e da fala teriam levado à evolução da pintura abstrata, dança, música, fala simbólica e eventualmente da fala nos Neandertais. A neandertalização do cérebro humano em consequência do aquecimento global leva à evolução da música rock, dança e formas modernas de pintura abstracta. O cérebro neandertal devido ao aumento da percepção quântica mediada por magnetita é mais espiritual. A comunidade Neandertal, devido à percepção quântica, funciona como um único todo, levando ao altruísmo, espiritualidade, socialismo, igualdade de gênero e eco-espiritualidade. Isto representa o modo civilizacional do mundo oriental. As sociedades surgiram a partir da possível massa terrestre lemuriana. À medida que evoluíam de colônias arqueológicas extra-terrestres e de inteligência, seu nível de desenvolvimento e inteligência era alto. Eles possuíram a língua original e o conceito de uma Godhead humana foi desenvolvido primeiramente em sua civilização. O Rig veda é o livro espiritual mais antigo da humanidade. A maioria dos Deuses descritos no Rig veda eram de origem asúrica, até mesmo Varuna, o Deus principal. As principais entidades filosóficas do budismo e do jainismo, que são basicamente religiões ateístas pregando a igualdade social, a unicidade e a justiça, foram desenvolvidas pelas Asuras. O homo sapiens evoluiu na África e migrou para a massa terrestre eurasiática. Eles tinham basicamente uma simbiose viroideal de RNA no cérebro que deu origem a um cérebro prático menos criativo. As espécies de homo sapiens são patrilineares, comensoriais e individualistas. A comunidade homo sapien forma os devas da literatura védica e a Rig veda descreve confrontos e guerras entre os habitantes asuricos de Harappa e os Devas invasores. Eles dominaram as civilizações neandertais e criaram uma sociedade racial com os homo sapiens como a classe dominante e os neandertais como a casta sub casta dos Sudras. Os Sudras formaram o subconsciente discriminado da civilização. A literatura, a linguagem e os livros sagrados dos Asuras foram tomados pelos incivilizados Devas homo sapiénicos que os tornaram seus. As futuras gerações de Sudras foram impedidas de aprender sua língua e adorar seus deuses, que foram tomados pelos Devas homo sapiénicos. Os Devas homo sapiénicos eram teístas, individualistas, pouco altruístas e não tinham consciência comunal ou social. Isto significa o modo civilizacional do mundo ocidental. O crescimento arqueológico no homo sapiens é menor. Isto leva a menos percepção quântica mediada por magnetita e à unicidade universal. Isto contribui para a individualidade, o egoísmo, o comportamento antitruísta, o capitalismo desenfreado e a sociedade patriarcal desigual de gênero do mundo homo sapiens. [1-16]

A sociedade homo neanderthalic devido ao aumento da percepção quântica é espiritual e sente a unicidade do mundo e a piedade de cada ser humano. Isto leva à filosofia do Budismo com seu senso de ateísmo e valores humanos. Budismo e Jainismo assim como o império Mauryan representam a vitória para os asuricos Neandertais ou os Sudras. A sociedade budista e hindu do mundo neandertalista considerada boa e má como parte do mesmo mundo quântico representando a alma universal. A divindade e o anjo caído pertencem ao mesmo mundo quântico da alma universal. O conceito de certo e errado não são contra-indicações absolutas, mas parte do mesmo mundo quântico. A percepção quântica produz o armazenamento de informação após a mortalidade e a idéia de reencarnação. O aumento do mundo da percepção quântica mediada pela unicidade e o crescimento excessivo do colesterol catabolizante dos arquebactérias, levando à deficiência do hormônio sexual, produz um mundo assexuado de gênero igual ao sexual. A sexualidade não é considerada como algo separado da religião, como evidenciado pelas escolas tântricas do Hinduísmo e do Budismo. Ela foi considerada como uma forma de experimentar a unicidade, como indicado por idéias como a Kundalini. O aumento da percepção quântica leva a um sentimento de unicidade que produz unidade universal. Não há guerra, mas paz universal. As sociedades orientais como a China e a Índia são basicamente sociedades quânticas dóceis, sendo a guerra incomum. As guerras principais na história hindu como a guerra Mahabharata e Ramayana foram aquelas entre o homo sapien Devas colonizador e o Neanderthals pacífico nativo. O exército Pandava era o homo sapien Devas e o exército Kaurava o neanderthalic nativos. O Deus Rama era o chefe do homo sapien Devas e o Ravana o líder dos nativos Neandertais. Os Devas eram os chefes dos homo sapiens colonizadores da Europa. Eles podiam vencer as guerras Mahabharata e Ramayana e a população nativa neandertálica do sudeste foi transformada em escravidão para as gerações vindouras. A luta pela independência e a atitude de Gandhi para com a casta inferior e os harijans faziam parte dos mesmos fenômenos. O mundo homo sapien, por outro lado, devido à redução da percepção quântica, era individualista. O bem e o mal eram absolutamente diferentes como o Deus e o anjo caído. Não havia crença na reencarnação e a sexualidade era considerada como tabu. A sociedade homo sapien devido à sua reduzida percepção quântica e natureza individualista descobriu as guerras e a escravidão. As guerras são essencialmente uma característica das sociedades semiticas e da religião. O homo sapien Devas é capitalista e de direita em sua atitude para com a sociedade, enquanto o homo neanderthalis é comunista e socialista. A guerra entre capitalismo e socialismo é representativa da guerra entre os Neandertais e o homo sapiens. O fenômeno do aquecimento global, o sobrecrescimento arqueológico e a neandertização do homo sapiens conduzirá a uma sociedade mais pacífica, globalizada, espiritual, igualitária em termos de gênero e altruísta. Mas o domínio do Neandertal resultante do aquecimento global pode levar ao desaparecimento da própria sociedade. [1-16]

Os fenómenos das alterações climáticas e do aquecimento global conduzem à multiplicação arqueológica e à neandertalização da raça humana. O crescimento arqueológico ocorre em extremos do clima - a idade do gelo e em tempos de aquecimento global. Isto resulta num regresso à cultura e civilização asurica com a sua identidade espiritual, ambiental, socialista, assexuada e de grupo. O mundo moderno é representado pelo Kali yuga, onde os Sudras ou os Neandertais retornam a uma posição de poder e significado global. Isto representa a ascensão dos escravos do sudeste asurico neandertálico. Isto é representado pela ascensão das sociedades neandertais orientais da China e da Índia, bem como pelo declínio do homo sapien ocidental e da África. A neanderthalisation do homo sapiens devido ao crescimento archaeal pode conduzir à doença humana e à extinção eventual. O arquebactérias cataboliza o colesterol para gerar a digoxina. A digoxina funciona como a hormona neandertálica. A digoxina produz inibição da ATPase sódica de membrana e aumento do cálcio intracelular e redução do magnésio. A deficiência de magnésio leva à disfunção mitocondrial, vasoespasmo, dislipidemia e síndrome metabólica X. O aumento do cálcio intracelular leva à ativação oncogénica e a neoplasias malignas. O aumento do cálcio intracelular pode activar a NFKB levando à activação imunitária e à doença auto-imune. O aumento do cálcio intracelular pode activar a cascata da caspase, levando à morte celular e degenerações. O aumento do cálcio intracelular pode aumentar a liberação sináptica de neurotransmissores monoamínicos produzindo esquizofrenia e autismo. O aumento do crescimento arqueal pode produzir o fenótipo Warburg com aumento da glicólise e disfunção mitocondrial. O aumento da glicólise pode activar os linfócitos que produzem a doença auto-imune, uma vez que os linfócitos são dependentes da glicólise para as necessidades energéticas. As células cancerígenas também dependem da glicólise para as necessidades energéticas. O fenótipo de Warburg pode levar a um aumento das neoplasias malignas. O fenótipo de Warburg e o aumento da glicólise podem levar à morte e degeneração das células mediadas por polifosfato de 3-fosfato desidrogenase ribossilado. O fenótipo de Warburg pode levar a uma deficiência de magnésio relacionada com a resistência insulínica e disfunção mitocondrial, levando à esquizofrenia. Assim, a hiperdigoxinemia e o fenótipo de Warburg mediados pelo Arqueal podem levar a doenças civilizacionais no fenótipo do Neanderthal, levando à sua extinção. O sobrecrescimento arqueológico na crosta oceânica devido ao aquecimento global pode levar à libertação de grandes quantidades de metano produzindo terramotos oceânicos, tsunamis e destruição e divisão de continentes. Isto leva ao catastrófico fim do mundo. Como também a porfirina arqueal e a magnetite mediada pelo modelo Frohlich de condensados de Bose-Einstein no cérebro gerado pelos bósons pode sofrer uma catastrófica decomposição a vácuo, levando à extinção universal. As porfirinas magnéticas dipolares e a magnetite na emulsão lipídica das células cerebrais podem ser fotonicamente excitadas gerando buracos negros. Esses buracos negros não atingem a singularidade absoluta, mas perto desse ponto podem sofrer um fenômeno chamado rebounce, reproduzindo o universo. Assim, a neandertalização do cérebro humano e a geração do condensado de Bose-Einstein do modelo Frohlich pode levar à extinção e reprodução do Universo. [1-16]

Referências

1. Weaver TD, Hublin JJ. Neandertal Birth Canal Shape and the Evolution of Human Childbirth (Forma do Canal Neandertal e a Evolução do Parto Humano). *Proc. Natl. Acad. Sci. USA* 2009; 106:8151-8156.

2. Kurup RA, Kurup PA. Fenótipo Actinídico Arqueológico Endosibiótico Mediado de Warburg Mediado do Estado da Doença Humana. *Advances in Natural Science* 2012; 5(1):81-84.

3. Morgan E. TheNeanderthaltheory ofautism, Asperger and ADHD; 2007, www.rdos.net/eng/asperger.htm.

4. **Graves P. Novos Modelos e Metáforas para o Debate do Neandertal.** *Antropologia Atual* 1991; **32(5): 513-541.**

5. Sawyer GJ, Maley B. Neanderthal Reconstruída. *The Anatomical Record Part B: The New Anatomist* 2005; 283B(1):23-31.

6. Bastir M, O'Higgins P, Rosas A. Facial Ontogeny in Neanderthals and Modern Humans. *Proc. Biol. Sci.* 2007; 274:1125-1132.

7. Neubauer S, Gunz P, Hublin JJ. Mudanças na Forma Endocraniana durante o Crescimento em Chimpanzés e Humanos: Uma Análise Morfométrica de Aspectos Únicos e Compartilhados. *J. Hum. Evol.* 2010; 59:555-566.

8. Courchesne E, Pierce K. Brain Overgrowth in Autism during a Critical Time in Development: Implicações para o Desenvolvimento e Conectividade do Neurónio Piramidal Frontal e Interneuronal. *Int. J. Dev. Neurosci.* 2005; 23:153–170.

9. Green RE, Krause J, Briggs AW, Maricic T, Stenzel U, Kircher M, Patterson N, Li H, Zhai W, *et al.* A Draft Sequence of the Neandertal Genome. *Science* 2010; 328:710-722.

10. Mithen SJ. *The Singing Neanderthals: The Origins of Music, Language, Mind and Body*; 2005, ISBN 0-297-64317-7.

11. Bruner E, Manzi G, Arsuaga JL. Encefalização e Trajetórias Alométricas no Homo Gênero: Evidências das Linhagens Neandertal e Moderna. *Proc. Natl. Acad. Sci. USA* 2003; 100:15335-15340.

12. Gooch S. *The Dream Culture of the Neanderthals: Guardiães da Sabedoria Antiga.* Inner Traditions, Wildwood House, Londres; 2006.

13. Gooch S. *The Neanderthal Legacy: Reawakening Our Genetic and Cultural Origins (Despertar as Nossas Origens Genéticas e Culturais).* Inner Traditions, Wildwood House, Londres; 2008.

14. Kurtén B. *Den Svarta Tigern*, Editora ALBA, Estocolmo, Suécia; 1978.

15. Spikins P. Autismo, as Integrações da 'Diferença' e as Origens do Comportamento Humano Moderno. *Cambridge Archaeological Journal* 2009; 19(2):179-201.

16. Eswaran V, Harpending H, Rogers AR. Genomics Refute an Exclusively African Origin of Humans. *Journal of Human Evolution* 2005; 49(1):1-18.

Buy your books fast and straightforward online - at one of world's fastest growing online book stores! Environmentally sound due to Print-on-Demand technologies.

Buy your books online at
www.morebooks.shop

Compre os seus livros mais rápido e diretamente na internet, em uma das livrarias on-line com o maior crescimento no mundo! Produção que protege o meio ambiente através das tecnologias de impressão sob demanda.

Compre os seus livros on-line em
www.morebooks.shop

KS OmniScriptum Publishing
Brivibas gatve 197
LV-1039 Riga, Latvia
Telefax: +371 686 204 55

info@omniscriptum.com
www.omniscriptum.com

OMNIScriptum

Printed by Books on Demand GmbH, Norderstedt / Germany